中国极端天气气候事件和灾害风险管理与适应国家评估报告

（精华版）

主编

秦大河

副主编

张建云
闪淳昌
宋连春

科学出版社

北 京

内 容 简 介

为更好理解气候变化与极端天气气候事件的关系，以及气候变化所产生的与灾害风险相关的一系列问题，中国气象局联合国内多个部门，由秦大河院士任主编，组织百余位专家共同编写了本评估报告。报告借鉴了国际、国内相关评估报告的方法和思路，综合分析了天气学、气候学、气候（系统）变化科学、大气化学、地理学、水文学，以及气候变化适应和灾害风险管理等多领域成果，并在总结过去应对极端天气气候事件经验的基础上，提出未来控制灾害风险的政策和实践方向，以期增进社会各界应对气候变化与灾害风险管理的认识，为各级政府制定相关政策、企业采取行动提供科技支撑，为全社会提升灾害风险防范意识和能力提供基础信息。本报告的主要读者包括各级政府部门、企业、群众组织和民间团体的有关人员，相关学科的专业技术人员、大专院校师生和具有一定相关专业知识背景的社会各界人士。

图书在版编目（CIP）数据

中国极端天气气候事件和灾害风险管理与适应国家评估报告：精华版/秦大河主编. ﹣﹣ 北京：科学出版社，2015.10
ISBN 978-7-03-045073-9

Ⅰ. ①中… Ⅱ. ①秦… Ⅲ. ①气候变化—风险管理—研究报告—中国 Ⅳ. ① P467

中国版本图书馆 CIP 数据核字（2015）第 131502 号

责任编辑：万 峰 杨帅英 / 责任校对：张小霞
责任印制：肖 兴 / 封面设计：北京图阅盛世文化传媒有限公司

科 学 出 版 社 出版
北京东黄城根北街 16 号
邮政编码：100717
http://www.sciencep.com

中国科学院印刷厂印刷
科学出版社发行 各地新华书店经销

＊

2015 年 10 月第 一 版 开本：787 × 1092 1/16
2015 年 10 月第一次印刷 印张：7 1/2
字数：163 000

定价：169.00 元
（如有印装质量问题，我社负责调换）

编委会

编委会主任：
矫梅燕

编委会成员：（以姓氏笔划为序）

丁一汇　史培军　朱建平　杜祥琬　宋连春　张家团　陈振林　罗云峰
胡晓春　秦大河　崔　瑛　潘文博

作者团队

主编：
秦大河

副主编：
张建云　闪淳昌　宋连春

核心编写组（以姓氏笔画为序）

组长：
秦大河

成员：

丁一汇　丁永建　王　毅　史培军　闪淳昌　齐　晔　李建平
吴绍洪　宋连春　张建云　范一大　林而达　罗亚丽　罗　勇
郑　艳　姜　彤　高庆先

主要作者（以姓氏笔画为序）

马丽娟　王守荣　王志强　王国庆　王建林　王艳君　王静爱
王遵娅　石　英　叶殿秀　任贾文　任福民　刘　冰　刘起勇
许光清　孙忠富　孙　颖　严中伟　苏布达　李　宁　李茂松
李惠民　吴立新　汪　明　沈　华　张小曳　张存杰　张晓宁
陈大可　陈海山　陈满春　周广胜　周天军　周波涛　周洪建
郑景云　居　辉　赵　林　胡俊锋　柳艳菊　姜鲁光　祝昌汉
秦绪坤　徐　影　高学杰　高　歌　效存德　黄崇福　黄　磊
程晓陶　蔡榕硕　翟建青　翟盘茂　潘家华　霍治国

贡献作者（以姓氏笔画为序）

丁　婷　王文军　王　阳　王朋岭　王　薇　尹宜舟　尹　姗
左军成　叶　涛　叶　谦　付加锋　白　莉　邢　佩　朱晓金
刘连友　刘昌义　孙丞虎　孙　松　苏利阳　杜尧东　李修仓
李　莹　杨佩国　吴　波　何吉成　何奇瑾　邹乐乐　邹立维
辛　源　张东启　张永香　周枕戈　郑飞翔　宝兴华　赵珊珊
郝志新　段居琦　侯　威　袁　艺　徐　娜　徐富海　高江波
高　超　高　蓓　涂　锴　黄大鹏　龚志强　曾小凡　温珊珊
温晗秋子　谢欣露　潘　韬

技术支持小组（以姓氏笔画为序）

组长：

宋连春

成员：

王　荣　尹宜舟　刘昌义　刘洪滨　李柔珂　李　莹　陈克垚
董思言　翟建青　魏　超

序

　　气候是人类赖以生存的自然环境，也是经济社会可持续发展的重要基础资源。我国是典型的季风气候国家，气候种类多，各地气候差异大。当今世界，认识气候、适应气候、利用气候、保护气候，走人与自然和谐发展的道路，已经成为广泛的共识。受自然和人类活动的共同影响，地球气候系统正在经历以变暖为主要特征的变化，由此引发的海平面上升、冰川退缩、极端天气气候事件频繁发生等，已经影响到人类赖以生存的环境。因此，应对气候变化已经成为全球性的可持续发展问题，事关人类生存和福祉，事关各国发展空间和经济竞争力，也事关全球治理和全球安全。

　　极端天气气候事件和灾害风险管理是当前国际社会应对气候变化的重要举措之一，也是人们在多年防御与抗御自然灾害实践中形成的重要成果之一。在科学层面上，2012 年政府间气候变化专门委员会（IPCC）发布的《管理极端事件和灾害风险，推进气候变化适应》特别报告，从灾害性天气气候事件和气候灾害的背景和历史、脆弱性和灾害损失的观测和预估、对极端事件和灾害风险管理的认知、灾害风险管理及其与可持续发展的相互作用等方面，阐释了国际科学界在气候灾害及其风险管理方面的最新进展。在政策层面上，第三次世界气候大会（WCC-3）把气候灾害风险管理作为适应气候变化的核心范畴，纳入《全球气候服务框架》(GFCS)；在 2010 年联合国坎昆气候变化大会上，各国政府在应对气候灾害、加强风险管理为核心的适应气候变化问题上共识一致，通过了《坎昆适应气候变化框架》，并把气候灾害脆弱性评估、建立灾害性天气气候事件早期预警系统和加强风险评估作为其首要任务。

在全球气候变化的背景下，我国气象灾害风险进一步加剧，防灾减灾形势异常严峻。20 世纪 60 年代以来，我国极端天气气候事件发生了显著的变化，高温日数和暴雨日数增加，北方和西南干旱化趋势加强，登陆台风强度增大，霾日数增加；灾害影响范围逐渐扩大，影响程度日趋严重，直接经济损失不断增加。特别是 20 世纪 80 年代以来，我国旱涝等重大气候灾害频繁发生，造成的直接经济损失平均每年近 2000 亿元，给人民生命财产安全和经济社会发展构成了严重威胁。研究表明，未来我国高温、干旱和强降水等极端天气气候事件和灾害风险将进一步加剧。

中国政府高度重视应对气候变化和防灾减灾工作，把防灾减灾作为应对气候变化的重要内容，初步形成了中国特色灾害风险管理体系，防灾减灾能力全面提升，气象灾害监测预警水平不断提高，形成了"政府主导、部门联动、社会参与"的气象防灾减灾机制，气象灾害监测预警服务已覆盖了国民经济社会发展与国家安全各个领域。未来我国极端天气气候事件和灾害将更加复杂多变，气候风险不断加大，抵御巨灾的形势不容乐观。目前，我国应对极端天气气候事件和管理灾害风险的总体意识有待提高，管理新风险和巨灾风险的能力亟待加强，在综合风险管理体系构建、部门分工和协作、基础性能力建设、资金保障机制和风险转移机制等方面仍面临诸多挑战，公众参与意识和自救互救能力仍需进一步提升。

为此，中国气象局联合民政部、中国科学院等十余个部门，由秦大河院士领衔作者团队，中国气象局矫梅燕副局长任编写委员会主任，组织编写了《中国极端天气气候事件和灾害风险管理与适应国家评估报告》。报告充分吸纳了国内外最新的科学进展，借鉴了国际社会在气候灾害风险管理方面的先进理念和经验，充分体现了中国防灾减灾体系的特色，总结并提出了未来我国气候灾害风险管理的行动方向和策略选择。为此，我衷心感谢编写委员会和作者团队所做的出色工作，以及相关部委的大力支持。

我相信，本评估报告一定能够为进一步推动我国适应气候变化、管理极端天气气候事件和灾害风险，提供有益的参考，为各级政府、企业和公众提升防灾减灾意识和能力，提供全方位的科技支撑，为保障国家气候安全，做出应有的重要贡献。

郑国光

（中国气象局局长）

2015 年 3 月于北京

目录

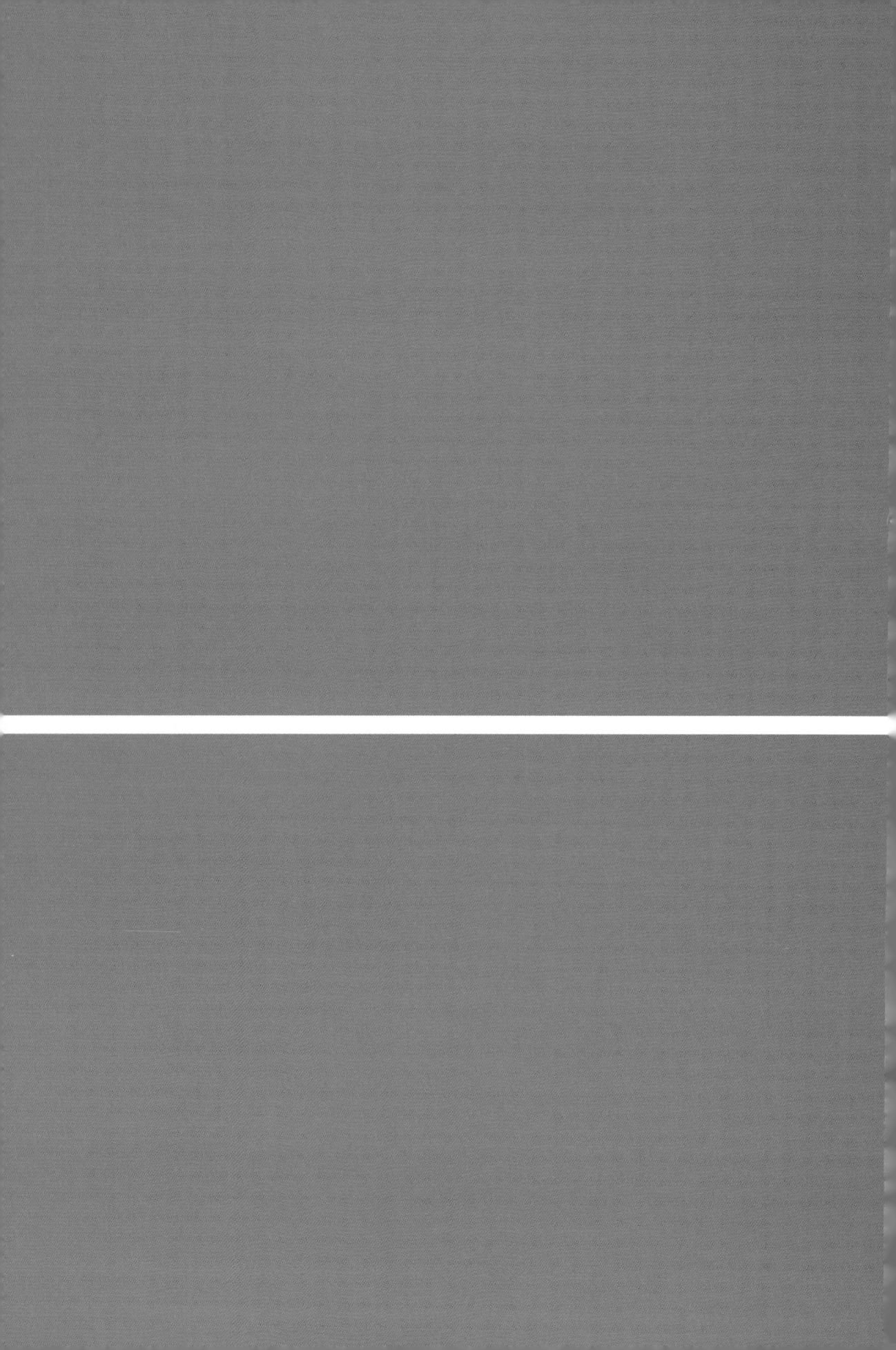

决策者摘要

中国是世界上极端天气气候事件及灾害最严重的国家之一。在中国及全球气候变化大背景下，随着中国国民经济快速发展，生产规模日趋扩大，社会财富不断积累，天气气候灾害①的损失和损害趋多趋重，已成为制约经济社会持续稳定发展的重要因素之一。

天气气候灾害风险取决于致灾因子以及承灾体的暴露度和脆弱性，与风险防范、监测预警、处置救援、恢复重建直接相关，是气候安全的主要内容之一（图1）。

气候安全是指人类社会的生存与发展不受气候系统变化威胁的状态。作为一种全新的非传统安全，它与防灾减灾、应对气候变化和生态文明建设等密切相关，是粮食安全、水资源安全、生态安全及国家安全体系中其他安全的重要保障。

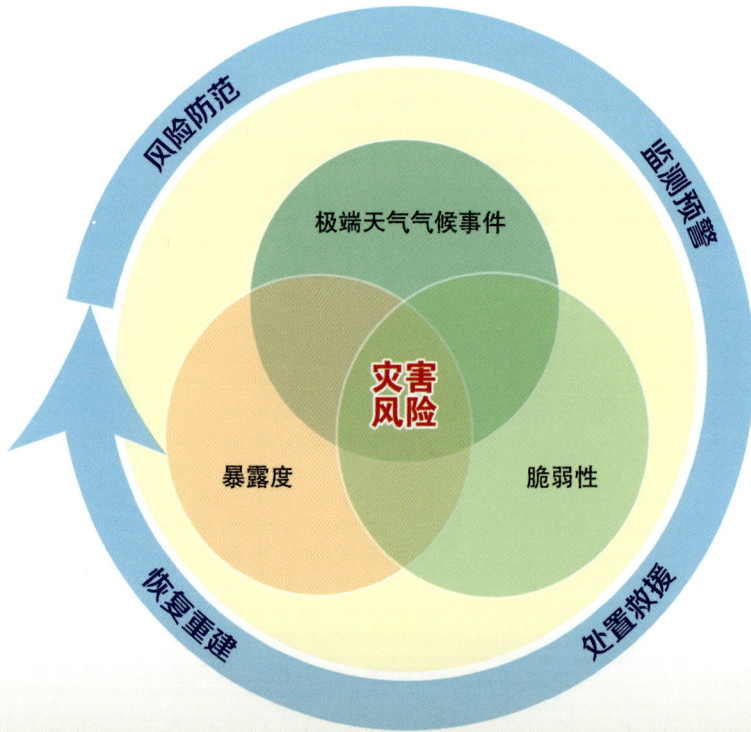

图1 灾害风险管理示意图 [图 1.3]

①泛指以特定的天气气候条件或其变化为诱因的自然灾害。

本决策者摘要介绍了《中国极端天气气候事件和灾害风险管理与适应国家评估报告》的主要评估结论。报告分析了中国极端天气气候事件和灾害的特点，评估了其影响以及灾害风险管理和适应相关问题，反映了国内外在极端天气气候事件和灾害风险管理与适应等方面的最新研究进展和成果，总结并提出了中国灾害风险管理的行动方向和策略选择。目的是增进社会各界应对气候变化与灾害风险管理的认识，以期为各级政府制定相关政策、企业采取行动提供科技支撑，为全社会提升灾害风险防范意识和能力提供基础信息。

文框 1　基本概念定义

气候变化（Climate Change）： 能够使用统计检验等方法识别出的气候系统要素平均值、方差、统计分布等状态的变化，且这种变化能够持续几十年甚至更长时间。自然因素和人类活动都可以导致气候变化。

极端天气气候事件（Climate Extremes）： 天气或气候变量值高于（或低于）该变量观测值区间的上限（或下限）端附近的某一阈值时的事件，其发生概率一般小于 10%。

暴露度（Exposure）： 承灾体受到致灾因子（hazards）不利影响的范围或数量。范围越大或数量越多，暴露度越大。

脆弱性（Vulnerability）： 承灾体的内在属性，其大小取决于承灾体对致灾因子不利影响的敏感程度及其自身的应对能力。敏感程度越高或应对能力越弱，脆弱性越大。

灾害（Disaster）： 由致灾因子直接或间接导致人类社会正常运行发生变化，并造成损失和损害的后果。

治理（Governance）： 一种全社会参与的综合风险应对体系，包括决策、管理和执行过程。

适应（Adaptation）： 在人类社会层面，指针对已发生的和潜在的影响而制订和采取的趋利避害的政策与措施；在自然系统层面，指针对已发生的不利影响或新的变化进行调整的过程。有效的人为干预可能提升自然系统的适应效果。

恢复（能）力（Resilience）： 人类社会或自然系统预防、承受和适应不利影响并得以复原的属性。

文框 2　灾害风险管理

灾害风险（Disaster Risk）： 危害性自然事件的发生概率及其可能的不利结果。

灾害风险管理（Disaster Risk Management）： 为减轻灾害风险，对其进行监测、识别、模拟、评估和处置，旨在以最小成本获得最大安全保障的科学管理体系。

风险防范（Risk Governance）： 政府与利益相关者为应对可能发生的风险进行互动和决策的过程，包括风险识别、评估、管理和沟通等。风险防范也称为风险治理。

综合风险防范（Integrated Risk Governance）： 从全球、区域和全灾种、全过程、全方位、全社会的视角出发，将政治、经济、文化和社会等各要素统筹进行的风险防范，强调政府、企业、社区、公众协调互动，实现安全设防、救灾救济、应急响应、风险转移的结构综合和备灾、应急、恢复、重建的功能综合。综合风险防范也称为综合风险治理。

风险转移（Risk Transfer）： 将自然灾害风险从一方转移到另一方或多方而采取的相关手段或措施。

一、观测到的中国极端天气气候事件和灾害及未来趋势

中国极端天气气候事件种类多，频次高，阶段性和季节性明显，区域差异大，影响范围广（高信度）。高温热浪、干旱、暴雨、台风、沙尘暴、低温寒潮、霜冻、大风、雾、霾、冰雹、雷电、连阴雨等各类极端天气气候事件普遍存在，频繁发生，影响广泛。极端天气气候事件区域特征明显，季节性和阶段性特征突出，灾害共生性和伴生性显著。极端高温高发区较集中，干旱分布广泛，极端强降水多发于南部，台风登陆时间集中，沙尘暴季节性明显，霜冻及寒潮北强南弱，大风区域性特点突出。[3.1]

近 60 年中国极端天气气候事件发生了显著变化，高温日数和暴雨日数增加，极端低温频次明显下降，北方和西南干旱化趋势加强，登陆台风强度增大，霾日数增加（高信度）。全国年平均最高气温值、最低气温值和高温日数均显著增加；全国平均冷昼日数略趋减少；区域性极端低温事件频次以 0.6 次 /10a 的速率明显下降；冰冻日数以 0.6 次 /10a 的速率显著减少；全国性寒潮平均每 10a 减少 0.2 次；2007~2013 年，区域性、阶段性低温冷冻时有发生。暴雨频率增高，强度趋强，影响范围扩大。东北、华北和西南地区干旱化趋势明显，1997~2013 年中等以上干旱日数较 1961~1996 年分别增加 24%、15% 和 34%。西北太平洋和南海生成的台风数呈下降趋势，但登陆中国台风的强度明显增强，21 世纪以来登陆台风中有一半最大风力超过 12 级，华东及东南沿海地区台风降水趋于增多。沙尘暴频次呈波动性减少趋势，以 1983 年为界，后 25 年较前 25 年发生沙尘暴的站次平均值减少了 58%。中国中东部冬半年平均霾日数显著增加，尤其是华北地区因霾导致能见度明显下降。天气气候灾害影响不断加重，未来灾害风险会进一步增强（表 1，图 2）。[3.3]

中国群发性或区域性极端天气气候事件频次增加，范围有所增大（高信度）。1960~2013 年，全国共发生 784 次 10 站以上单次群发性暴雨，平均每年 14.5 次，每年发生的群发性暴雨事件从 13.5 次增加到 17.3 次，增幅 28%；暴雨强度和范围也有所增大。同期区域性热浪年频次普遍增加，特别是长江中下游和华南区域 1997~2008 年热浪事件的年均频次，比 1976~1994 年的年均频次增加近 2 次。[3.4]

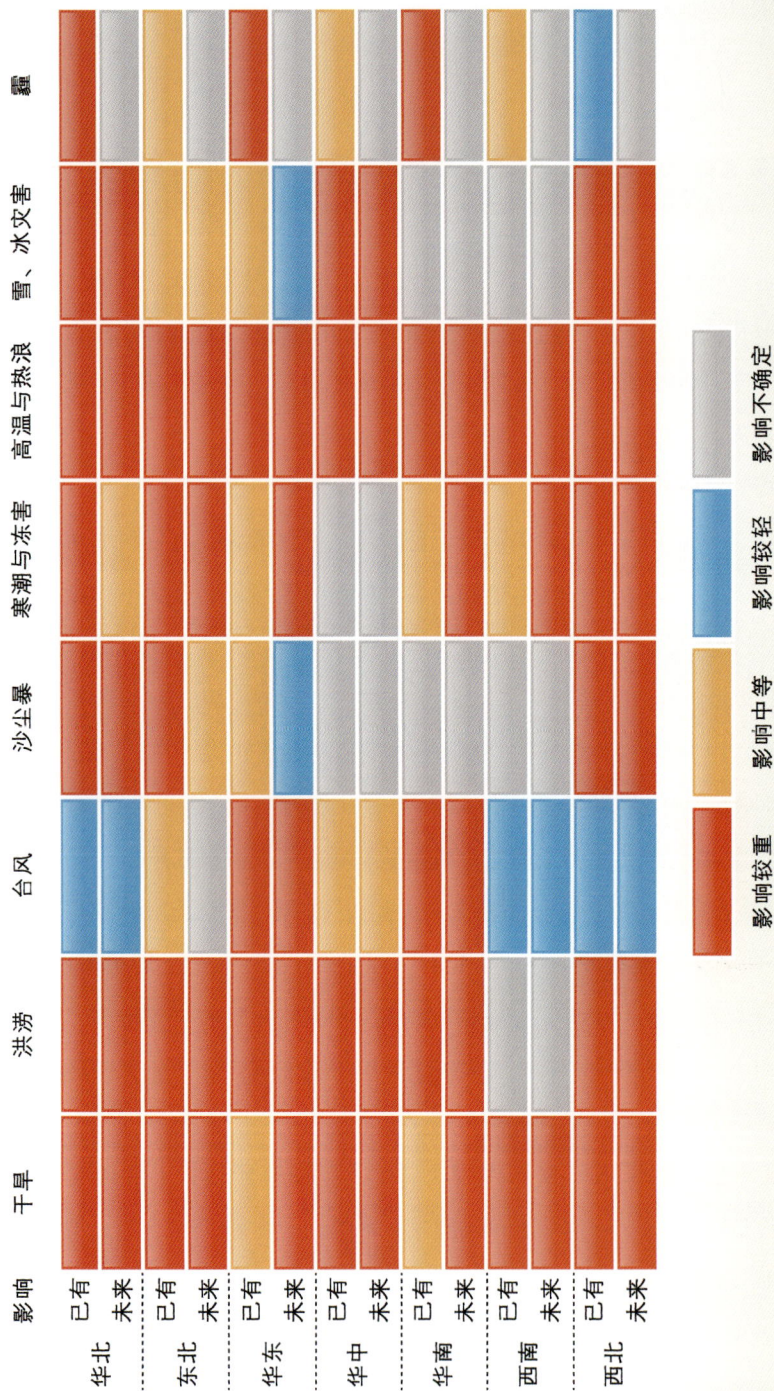

图 2 中国七大区极端天气气候事件和灾害的影响程度

[据《中国气候与环境演变: 2012》改绘]

（影响较重指极端天气气候事件或灾害已造成灾害已造成很大损失或未来风险偏高；影响较轻指已造成损失较小或未来风险偏低；影响中等指中等损失或风险介于前二者之间；影响不确定指尚无法判断损失程度或风险水平）

表1 中国主要极端天气气候事件和灾害的演变特征及未来趋势

种类	20 世纪中叶以来的变化	典型案例	21 世纪未来趋势	来源
高温热浪	1961 年以来,中国极端高温事件增多。1971~2000 年,高温日数和极端最高气温均明显增加,极端高温影响范围约占全国 12% 年达 25%,其中 1997 年达 25%,是常年的两倍。2001~2010 年极端高温值年比比常年高 0.8℃,高温日数平均较常年多 32%。高温影响范围达国土面积的 43%,是常年的四倍。	2013 年盛夏,江南、江淮、江汉及重庆 9 省(直辖市)出现 1951 年以来最强高温热浪,平均最高气温 34.4℃;344 站次日最高气温达到或超过 40℃,477 站次日最高气温突破历史极值;8 月 11 日浙江新昌站达 44.1℃;湖南长沙连续高温日数达 48 d。	中国暖事件增加。RCP4.5 和 RCP8.5 情景下,到 21 世纪中叶,日最高气温最高值分别比 1986~2005 年升高 1.5℃和 2.0℃,到 21 世纪末,分别升高 2.7℃和 5.5℃,东部地区最为明显;高温日数进一步增多,尤其是南方地区;RCP4.5 情景下,21 世纪中期南方地区高温日数增加约 30d,21 世纪末期增幅更为显著。	3.3 3.4 3.5 4.1 4.5 6.1

种类	20 世纪中叶以来的变化	典型案例	21 世纪未来趋势	来源
低温冷冻	1961 年以来，中国极端低温事件呈显著减少趋势，平均每 10a 减少约 0.6 次，冰冻日数平均每 10a 减少 0.6d。20 世纪 60 年代到 80 年代低温事件频发，1969 年和 1985 年低温事件发生频次最高。21 世纪以来，霜冻日数持续下降，但区域性、阶段性低温冷冻仍有时有发生。	2008 年年初，南方 13 省（直辖市）遭受低温雨雪冰冻灾害，冰冻日数 10~20d；平均降温幅度超过 10℃，华南西北部低温事件超过 20℃；受灾人口 3791 万人，直接经济损失 1546 亿元。1 月 28 日，积雪覆盖面积 128.2 万 km²，最大深度 50cm。	中国冷事件减少。RCP4.5 和 RCP8.5 情景下，到 21 世纪中叶，最低气温最低值分别比 1986~2005 年升高 1.7℃和 2.2℃，霜冻日数分别减少 13d 和 16d，冰冻日数分别减少 10d 和 12d；到 21 世纪末，日最低气温最低值则分别升高 2.9℃和 5.8℃，霜冻日数分别减少 21d 和 43d，冰冻日数分别减少 17d 和 32d，西部地区减少最多。RCP4.5 情景下，21 世纪中期和末期，积雪日数分别减少 10~20d 和 20~40d，青藏高原地区 RCP8.5 情景下减幅更大，地区最为显著。	3.3 3.4 3.5 4.1 4.5 6.1

种类	20 世纪中叶以来的变化	典型案例	21 世纪未来趋势	来源
干旱	1961 年以来, 东北、华北、西南地区呈干旱化趋势。1997~2013 年, 平均每年出现中等以上干旱日数较 1961~1996 年分别增加 24%、15% 和 34%；2004~2013 年全国平均干旱面积 1750 万 km²。	2009~2013 年云南、贵州、四川三省连续五年发生干旱, 2009~2010 年冬春连旱面积占三省总面积 19.2%, 共造成 6900 万人受灾, 农作物受灾面积 6.6 万 km², 直接经济损失 442.1 亿元。	中国连续干日数的变化具有明显的区域差异。RCP4.5 和 RCP8.5 情景下, 21 世纪末北方连续干日数较 1986~2005 年减少, 长江以南区域增加。华东、华北、东北中部以及四川盆地等地区旱灾风险较高。	3.2 3.3 4.1 4.5 6.1

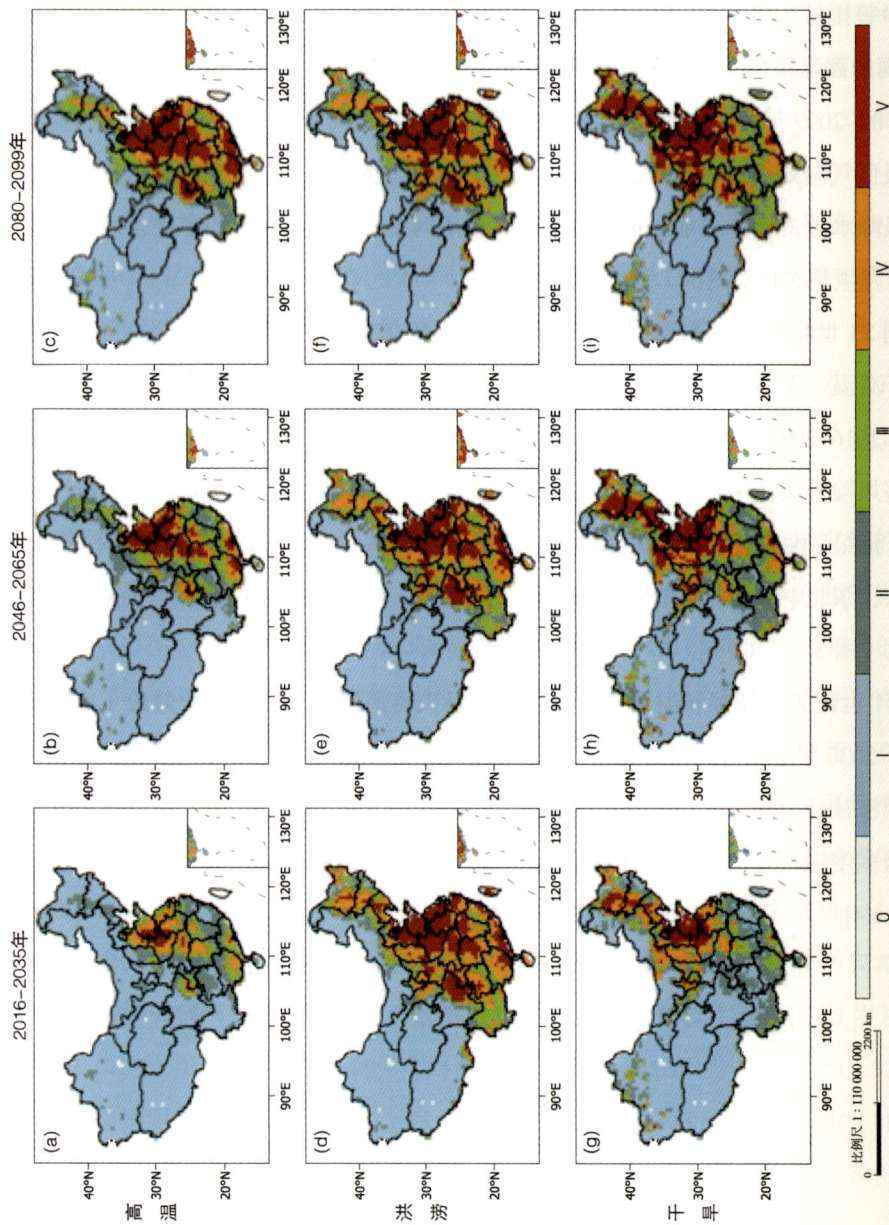

图3 高排放（RCP8.5）情景下中国未来高温、洪涝和干旱灾害风险等级分布
[图6.6，图6.7和图6.8]
（Ⅰ到Ⅴ表示风险等级逐渐增大，Ⅰ为最低等级，Ⅴ为最高等级）

二、中国灾害风险管理措施

中国政府加强了极端天气气候事件和灾害风险管理体系建设，形成了以制定修订应急预案、建立健全防灾减灾体制机制和法制为主要内容的中国特色防灾减灾与应急管理的国家管理体系（高信度）。制定和实施了《中华人民共和国突发事件应对法》、《中华人民共和国防洪法》、《中华人民共和国环境保护法》、《气象灾害防御条例》和《自然灾害救助条例》等法律法规，完善了极端天气气候事件和灾害风险管理法律体系。组建和加强了以国家应对气候变化及节能减排领导小组、国家减灾委员会、国家防汛抗旱总指挥部、国务院应急管理办公室等机构为主的应对极端天气气候事件和灾害管理机构。形成了由国家减灾委员会为主导的灾情预警会商和信息共享机制、灾害应急响应机制、社会力量动员和参与机制、救灾物资储备机制、决策指挥机制和责任追究机制等防灾减灾机制体系。对中国自然灾害风险进行了全面调查分析，制定修订了相关应急预案，以切实减轻极端天气气候事件和灾害对公众生命安全和经济社会发展的影响。[5.1]

中国政府全面加强了防灾减灾能力建设，初步形成了防灾、抗灾、救灾一体化的综合防灾减灾体系（高信度）。中国70%以上的城市、50%以上的人口处于气象、地震、地质和海洋等自然灾害多发地区，全国风险等级呈现出东部高于中部、中部高于西部的格局（图4）。根据灾害风险和气候变化的区域分异规律，中国加强了极端天气气候事件风险管理和适应措施，全面实施了《国家综合减灾"十一五"规划》、《国家综合防灾减灾规划（2011~2015年）》和《国家气象灾害防御规划（2009~2020年）》等，重点实施了全国七大流域防洪工程、全国山洪灾害防治工程、国家救灾物资储备库建设工程、环境减灾卫星星座建设工程、全国综合减灾示范社区和避难场所建设工程、防灾减灾宣传教育和科普工程等，正在推进国家自然灾害救助指挥系统建设工程、全国自然灾害综合风险调查工程等，国家综合防灾减灾能力明显提升。但是防灾减灾基础仍然比较薄弱，应当通过优化、调整制度结构和完善功能，进一步加强政府、企业、公众的共同参与和互动，增强综合风险防范的"凝聚力"，提升国家管理和适应极端天气气候事件的能力，逐步建立与完善综合风险防范的范式（图5）。[5.2，5.4]

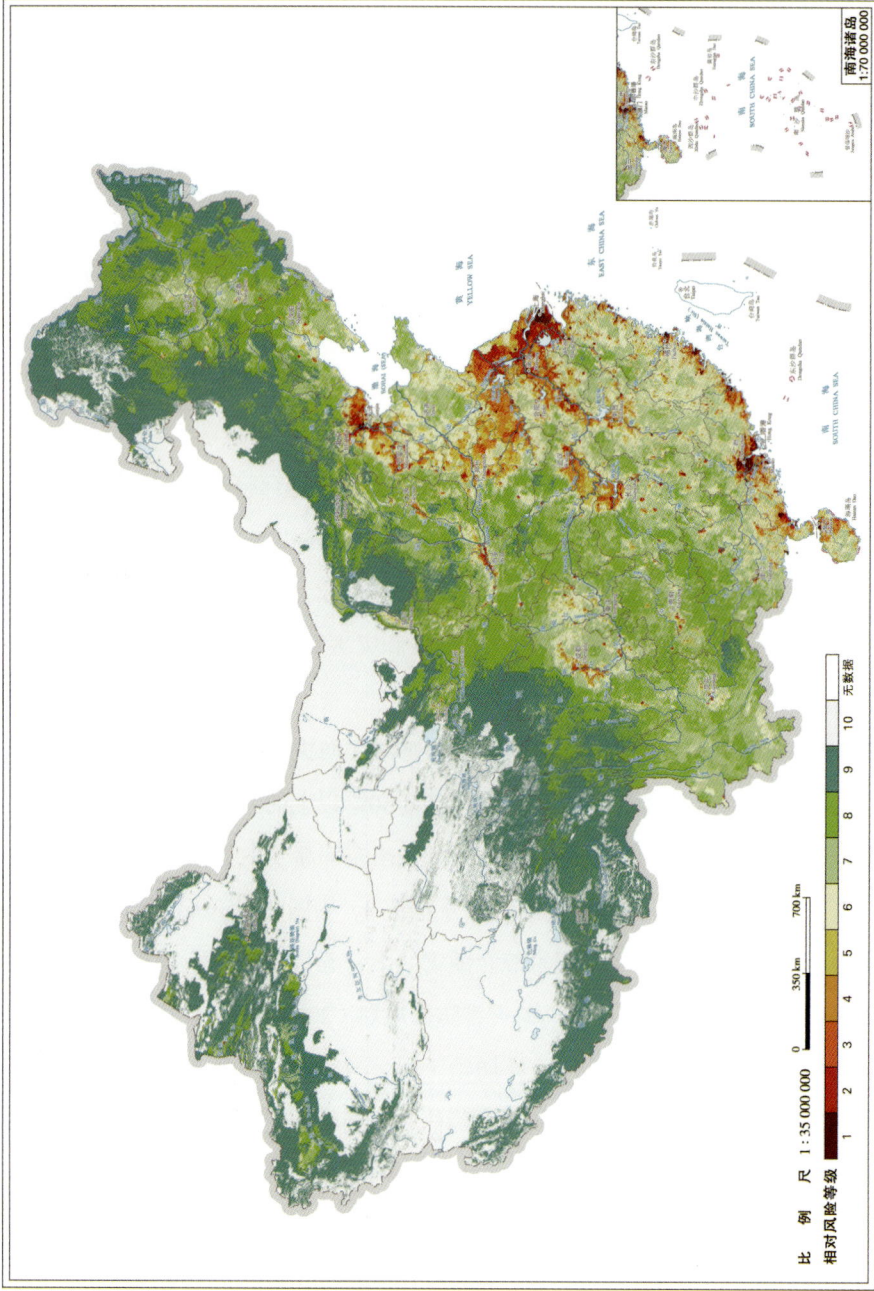

图4 中国综合自然灾害风险等级 [图 5.5]
（无台湾省数据）

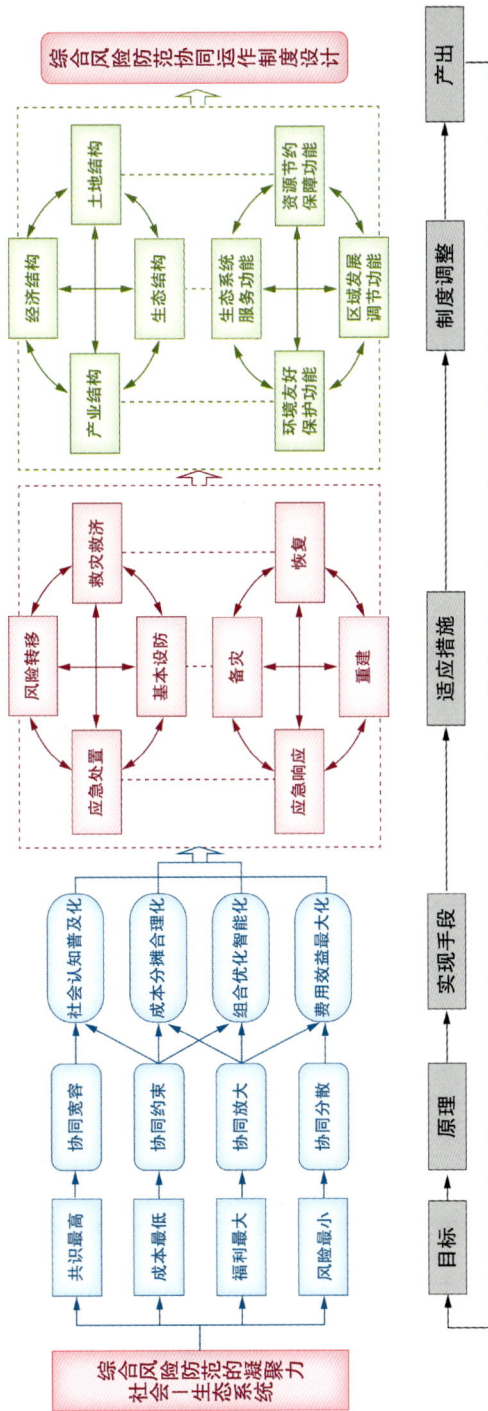

图 5 社会－生态系统综合风险防范的凝聚力模式 [图 5.8]

（该模式目标是综合防灾减灾能力建设中最大化提升凝聚力，并形成综合风险防范协同运作制度设计。其原理和手段方面，主要是应用协同宽容、协同约束、协同放大和协同分散的原理，通过社会认知普及化、成本分摊合理化、组合优化智能化、费用效益最大化等一系列手段，实现共识最高化、成本最低化、福利最大化和风险最小化。在适应措施方面，主要体现防灾减灾全周期和风险管理全过程的工作内容。在制度调整方面，主要包括结构调整功能调整的相关内容。适应措施和制度调整是实现社会－生态系统综合风险防范模式的核心。）

在注重传统领域风险防范的同时，重点关注了与极端天气气候事件和灾害相关的水资源风险加剧、生态安全风险升级、健康安全风险加大等新问题，并采取了相应的防范措施（证据量中等，一致性高）。加强了水资源立法与管理，开展多流域综合治理，推动水利基础设施建设；科学规划农业生产空间布局，发展节水农业和灌溉工程，重视农业气象灾害监测、预报、预警和防御；重点加强林业、海洋以及生态系统脆弱区的保护；保障城乡饮用水安全，综合治理雾、霾，加强传染病的预防和控制；优化一次能源结构，提升能源供应设施的防灾能力，实施能源消费的强度和总量双控；加强部门沟通，强化交通基础设施建设；发挥保险等市场机制作用，取得了较好成效。然而，新风险会与能源、粮食、交通等领域的传统风险交叉，通过耦合、连锁等关联作用，形成复杂性更高的新风险系统，无论对政府、市场还是社会，都将是一项更加严峻的挑战。[5.3]

各级政府灾害风险管理能力和公众的风险意识明显提高，初步形成了全社会减轻灾害风险的氛围（高信度）。加强天气气候灾害综合监测系统建设，提高预测预报和预警信息发布能力，建设防灾减灾信息管理会商、上报、共享、发布等制度，制定采集、分析、交换、共享和服务等标准规范，构建共享信息库和行业业务系统。把防灾减灾教育纳入国民教育体系，强化防灾减灾文化场所建设，推进全国综合减灾示范社区和安全社区建设，设立防灾减灾重大主题宣传日（周、月）。同时，坚持工程措施与非工程措施并举，提高极端天气气候条件下防范灾害风险的设防水平，从而提高各级政府灾害风险管理能力和公众的风险意识。[5.4]

建立健全协同运作和社会多元参与机制，加强防灾减灾国际合作，提高了国家应对极端天气气候事件与灾害的能力（高信度）。经过2006年重庆抗御特大旱灾、2008年南方低温雨雪冰冻灾害、2010年"凡亚比"台风、2012年北京"7·21"暴雨等重大灾害的应对实践和不断推进综合减灾示范社区建设，在借鉴发达国家经验的基础上，中国在灾害监测预警、组织指挥、救援救助、应急抢险和善后工作的时效性等方面取得了进步，基本建立了统一指挥、功能齐全、反应灵敏、运转高效的应急机制，明确了各级政府的作用与职能；重视企业、社区、公民和非政府组织的参与，注重借助市场手段缓解国家灾害应急响应和救灾的压力，同时与国际社会在自然灾害监测预警、信息交换、紧急救援、科学研究、技术应用、人员培训、社区减灾等领域建立了形式多样的合作机制。[5.5，5.6]

中国在灾害风险管理方面仍然存在一些薄弱环节（证据确凿，一致性中等）。一是对新风险和巨灾风险的关注、管理依然不足；二是管理体系不完善，部门职能分散重叠，协同合作有待加强；三是综合防灾减灾体系、机制、管理和能力建设仍面临诸多挑战；四是市场机制与风险转移机制缺失；五是国家对防灾减灾工作的科技支撑能力亟待加强，天气气候灾害监测和预警以及风险评估等能力仍有待进一步提升；六是全民防灾减灾教育不足，公众参与意识和能力仍有待提高。[5.7，6.2.2，6.4.2，6.5]

表2 中国主要领域天气气候灾害风险管理与适应的协同策略 [表 6.2]

领域	未来风险与挑战	协同应对策略
农业	加剧农业气象灾害和农业病虫草害，增加农田管理和农牧业生产成本，影响农产品市场稳定，威胁粮食安全和农民生计，加快人口向城镇流动。	·建立农业应对气候变化和天气气候灾害的监测、预警、响应和防灾减灾服务体系，加强农业防灾减灾规划和基础设施建设，提高农田水利工程的灾害风险防护标准，完善农业灾害政策保险制度； ·在农业主产区开展农业适应示范区建设，细化农业气候区划，调整农业结构和种植制度，探索更具适应性的农林地、草地等农业资源管理模式；加强农业节水、抗旱、抗逆和保护性耕作等适应技术的研发、培训与推广； ·适度发展多元化和规模化经营，因地制宜实施节水农业、生态农业、现代农业、特色农业，保障粮食稳产增产； ·加大对农村地区尤其是特困连片地区的发展型适应投入，推动城乡公共服务一体化，完善农村医疗、养老等社会保障体系，减少气候变化引发的贫困。

22

领域	未来风险与挑战	协同应对策略
水资源	加剧水资源时空分布的不均匀性及供给的不稳定性，加剧水旱灾害对水利工程和水环境安全的潜在威胁及调蓄难度，影响水生态安全。	·完善极端水文和天气气候事件的监测和应急管理体系，提高水利工程和供水系统的安全运行标准，加强重点城市、重点河流湖泊水库、防洪保护区和重旱地区的防洪抗旱减灾体系建设； ·保障城市化地区、农村和缺水地区、生态保护区的水生态安全，重点加强农村饮用水安全工程，城镇新水源和供水管网体系、重点地区抗旱应急水源工程设施、山地融雪型洪水防控体系建设；加强重点流域的水资源调蓄管理和决策系统，协同化解水体污染、水资源利用和防灾减灾等之间的矛盾； ·严格水资源管理，落实用水总量控制、用水效率控制和水功能区限制纳污"三条红线"制度，推进节水型社会，鼓励第三方治理，社会投入和社会监督机制； ·利用市场机制优化水资源配置效率，推动水权改革和水资源有偿使用制度，鼓励雨洪资源利用、循环水、海水和盐碱水淡化等节水技术和节水产品研发和应用，应对未来水资源短缺。

领域	未来风险与挑战	协同应对策略
能源	影响风能、太阳能等可再生能源的供给及利用；极端天气事件加大工农业生产和生活用能需求，加剧电力供给压力，威胁电力基础设施运行安全。	·评估气候变化对不同地区风能、太阳能、水能、生物质能等的影响，提高能源供给的多样性和工程应对气候极端天气事件的监测、预警和应急体系，提升灾害设防标准和气象服务能力，保障电力运行安全； ·加强电网系统的适应能力，因地制宜发展智能电网、风光电联储技术，提升电力输配系统的效率和稳定性； ·加强电力需求侧管理，减少能源需求和碳排放。

领域	未来风险与挑战	协同应对策略
交通	影响交通基础设施的安全性和稳定性；进而加剧了交通规划、工程设计、施工建设和运行管理的复杂性。	· 加强交通规划和重大工程项目（如机场、铁路、港口、航道、高速公路、城市轨道交通等）的环境影响评估和气候可行性论证； · 加强天气气候灾害风险普查，建设全国交通系统灾害风险数据和信息决策系统； · 提升城市地区应对极端天气气候事件的交通信息监测预警及应急服务能力，改进交通体系的设计、选址和建设标准，加强交通部门的适应技术研发； · 发展低碳公共交通体系和运输网，提高机动车排放标准，推动节能环保汽车和清洁燃料技术的研发和应用。

领域	未来风险与挑战	协同应对策略
人居环境	影响人居环境的安全性和舒适性；增加城市安全运行和应急体系的压力；极端天气事件，增加建筑行业设计、施工、运行和维护成本，增加建筑供热、制冷能耗。	· 在城乡规划、基础设施建设、大型公共建筑和住宅区建设选址时，考虑气候变化和环境风险，开展气候可行性论证，科学布局，合理规划城市功能区建设，保护和修复城市绿地及河网水系；提升城市人居生命线系统（供电、供热、供排水、燃气、通讯等）的安全运行能力； · 加强城市群地区应对天气气候灾害的决策协调机制，关注城市脆弱群体，提升社会参与意识和适应能力，建设生态、宜居、健康、安全的城市人居环境； · 加强建筑行业的适应技术研发，开发和推广节能节水省地型建筑、气候智能建筑，提高公共建筑和商业建筑的节能标准，推广和实施绿色住宅、防灾减灾社区； · 提高建筑行业应对极端天气事件的设计和施工标准，加强对建筑行业劳动者的灾害风险防护，提高建筑运行和居住环境的安全性、舒适性和耐久性。

续表

领域	未来风险与挑战	协同应对策略
健康	加剧环境污染和次生灾害，导致人员伤亡和健康风险；气候变暖加剧加剧媒介传染病的发生和传播，增加公共卫生投入和医疗保健成本。	· 加强气候变化与极端天气气候事件相关疾病影响、传播机理和预防研究，加强科技投入和人力资源建设； · 加强疾病防控、应急处置、健康教育和卫生监督执法等部门协作，提高公共卫生服务能力，重点建设城乡社区卫生医疗服务体系，加强城乡饮用水卫生及高温、雾霾等极端天气气候事件的健康影响监测与防控等； · 应对极端天气气候事件的监测预警和应急体系，完善公共卫生设施及信息发布机制，加强气候变化风险与健康的公众教育和科普宣传，优先关注敏感人群和脆弱群体需求； · 完善城乡社会医疗保障与保险体系，推动医疗服务社会化和市场化。

领域	未来风险与挑战	协同应对策略
海洋	影响海洋生境和生物多样性，改变海洋物种地理分布、季节活动规律和迁移形式，海平面上升、风暴潮趋强、极端水位和沿岸洪涝频发等将威胁沿海地区经济社会的可持续发展；加大海岸基础设施和海岸带保护成本。	·加强气候变化和极端天气气候事件对海洋和近岸海洋环境与生态影响的观测、评估、监测、预警和科学研究； ·制定海洋开发利用与保护规划，加强海岸带综合管理，划定海岸与海洋生态红线，设立海洋自然保护区，维护海洋资源环境承载力； ·加强海洋灾害防护能力，建设海洋天气气候灾害的联合防控体系，完善海洋立体观测预报网络系统，提升对台风、风暴潮、巨浪等海洋天气气候灾害的预报与应对能力，加固海岸防护基础设施，提高沿海地区防洪排涝基础设施防御御海洋灾害的设计和建设标准； ·增强国民开发利用和保护海洋资源的意识，加强海洋生态系统的监测和修复，保护海岛和海礁，制定海洋渔业捕捞、水产养殖、旅游航运、人类健康、海事安全、海洋石油天然气和可再生能等涉海行业的气候变化适应措施。

续表

领域	未来风险与挑战	协同应对策略
国土资源	影响土地资源质量及可持续利用，增加土地整治与保护成本；加剧水土保持、地质安全和环境保护压力；引发或加剧泥石流、地面塌陷、滑坡、山体崩塌等地质灾害风险。	·加强土地利用总体规划，重视资源环境承载力评估，开展重大工程气象地质灾害危险性评估，加强土地资源开发利用、监管与保护； ·综合采用工程措施和生态措施，减轻水土流失和地质灾害，加强矿山地质环境保护与恢复治理工程； ·加强地质环境监测与综合预警，减轻灾变地质环境事件对社会经济带来的不利影响； ·加强地质灾害排查巡查、预警预报、动态评估和应急防治，提高社区防灾减灾能力，建立健全重大地质灾害应急体系，提高重大地质灾害应对处置能力。

领域	未来风险与挑战	协同应对策略
生态系统	显著影响生态系统安全，威胁生态环境、自然资源和生态功能的健康、完整和稳定性。	· 实施贯彻自然资源资产有偿使用和生态红线制度，建立和完善跨区域、跨流域的生态补偿机制； · 加强国家维护生态安全的适应投入，加强气候敏感地区的生态恢复、灾害防控和试点示范，重点加强农牧交错带、高寒草地、黄土高原和西北荒漠区、石漠化等地区的生态建设和治理； · 提高森林、草地、湿地等典型生态系统的适应能力和灾害防御能力，研发和推广利于生态系统稳定性的适应技术，生态修复和防灾技术； · 开展生态文明建设试点，因地制宜实施生态脆弱地区的移民、旅游开发和生计保护项目。

文框 3 　评估结论信度表述

　　本报告参照IPCC 2010年颁布的《IPCC AR5主要作者关于采用一致方法处理不确定性的指导说明》，给出核心评估结论的可靠性。根据所用证据的数量和一致性，给出评估结论的信度，如当"证据确凿"且"一致性高"时，则给出"高信度"。当评估结论为"高信度"且信度能够定量表述时，则使用概率法表述可能性（文框图1）。

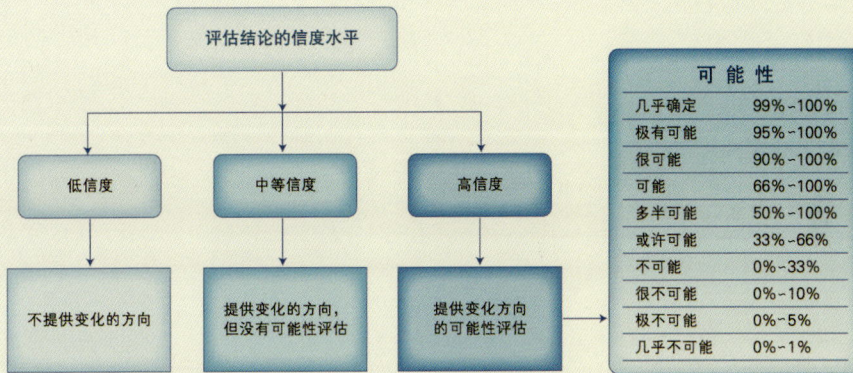

可　能　性	
几乎确定	99%－100%
极有可能	95%－100%
很可能	90%－100%
可能	66%－100%
多半可能	50%－100%
或许可能	33%－66%
不可能	0%－33%
很不可能	0%－10%
极不可能	0%－5%
几乎不可能	0%－1%

评估结论的信度水平

低信度 → 不提供变化的方向

中等信度 → 提供变化的方向，但没有可能性评估

高信度 → 提供变化方向的可能性评估

文框图 1　不确定性的评估流程［图 2.2］

精华版

政府间气候变化专门委员会（Intergovernmental Panel on Climate Change，IPCC）发布的第五次评估报告（The Fifth Assessment Report，AR5）第一工作组（Working Group I，WGI）指出，新的观测证据进一步证明，全球气候系统变暖毋庸置疑。1880~2012 年，全球平均地表温度升高了 0.85℃。1951~2012 年，全球平均地表温度的升温速率（0.12℃ /10a）约是 1880 年以来升温速率的两倍。1970 年以来海洋变暖明显，海洋上层 75 m 以上的海水温度每 10 年升温幅度超过 0.11℃；1971~2010 年地球气候系统增加的净能量中，93% 被海洋吸收。全球平均海平面上升速率加快，1993~2010 年高达 3.2mm/a。全球海洋的人为碳库很可能已增加，导致海洋表层水酸化。1971 年以来，全球几乎所有冰川、格陵兰冰盖和南极冰盖的冰量都在损失。其中 1979 年以来北极海冰范围以每 10 年 3.5%~4.1% 的速率缩小，同期南极海冰范围以每 10 年 1.2%~1.8% 的速率增大。已在大气和海洋变暖、水循环变化、冰冻圈退缩、海平面上升和极端气候事件的变化中检测到人类活动影响的信号。人类活动影响气候变化是显而易见的，人为排放温室气体是近百年全球变暖的主要原因。

气候变化将影响极端天气气候事件的发生频率、强度、空间范围及持续时间，并可导致前所未有的极端天气气候事件。人类活动影响越强，对气候变化的影响就越大，造成的灾害就越深刻广泛，有些影响是不可逆的。采用耦合模式比较计划第五阶段（Coupled Model Intercomparison Project Phase 5，CMIP5）模式和典型浓度路径（Representative Concentration Pathways，RCPs），预估本世纪末全球地表平均气温将继续升高，热浪、强降水等极端天气气候事件的发生频率将增加，降水将呈现"干者愈干、湿者愈湿"趋势。海洋上层的温度比 1986~2005 年升高 0.6~2.0℃，热量将从海表传向深海，并影响大洋环流，2100 年海平面将上升 0.26~0.82 m。冰冻圈将持续退缩。为控制气候变暖，人类需要减少温室气体排放。如果控制较工业化之前的温升不超过 2℃，全球年均经济损失将达到收入的 0.2%~2.0 %，并造成大范围不可逆的影响，导致死亡、疾病、食品安全、内陆洪涝、农村饮水和灌溉困难等问题，影响人类安全。

我们可以采取积极措施和有效行动，减少人为排放温室气体，从而遏制逐渐失控的全球变暖，降低气候变化带来的不利风险，建立一个更加繁荣、可持续的未来。

中国是世界上极端天气气候事件及灾害最严重的国家之一。在全球气候变化背景下，随着中国经济社会的快速发展以及资源、环境和生态压力的不断加剧，极端天气气候事件防范应对形势更加严峻复杂，自然灾害损失日益加重，已成为制约中国国民经济持续稳定发展的主要因素之一。因此，如何有效应对极端天气气候事件，加强灾害风险管理，确保人民群众的生命财产安全，已经引起了政府和社会的广泛关注。

极端天气气候事件和灾害风险管理的核心内涵是，各级政府部门要严格履行法律赋予的职责，做好备灾、应急、恢复和重建工作；其关键是优化决策，即在不确定条件下的多目标优化决策问题；公众参与是灾害风险管理的必要条件。国家作为灾害风险管理的核心主体，制定国家层面的规划和政策，同时有关部门根据分工制定相关政策措施，有助于加强社会各界对相关行业和管理领域的认识，提高灾害风险管理水平、适应能力和总体效益。有效的国家治理体系应当包括从国家到地方政府、社会团体、民间组织（包括社区组织）等多个主体的协同参与。科技进步与当地经验相结合、适当与及时的风险沟通和信息分享都有助于提高减灾和适应的效果；鼓励地方层面的参与、为地方提供人力资本和资金支持，有助于推动基层社区的适应行动。

为更好地理解气候变化与极端天气气候事件的关系，以及气候变化所产生的与灾害风险相关的一系列问题，《中国极端天气气候事件和灾害风险管理与适应国家评估报告》（以下简称"本报告"）借鉴了国际、国内相关评估报告的方法和思路，综合分析了天气学、气候学、气候（系统）变化科学、大气化学、地理学、水文学，以及气候变化适应和灾害风险管理等多领域成果，并在总结过去应对极端天气气候事件经验的基础上，提出未来控制灾害风险的政策和实践方向。本报告的目的是增进社会各界对应对气候变化与灾害风险管理的认知，反映国内外学术界在这些领域的最新研究进展和成果，总结并提出中国灾害风险管理的行动方向和应对策略，为各级政府制定相关政策、企业采取行动提供科技支撑，保障气候安全，促进可持续发展。

本报告介绍了评估基础及灾害风险的相关理论及研究进展，归纳了国际上和中国在极端气候和灾害风险管理与适应方面的政策与实践；详细阐述了极端天气气候事件和灾害风险管理中的内涵，如气候变化、灾害风险管理与可持续发展的关系，灾害风险规避、适应能力提高以及风险转移措施和方法等；重点分析了中国区域温度、降水、干旱以及沙尘暴等极端天气气候事件的基本特征，讨论了中国地区极端天气气候事件变化的原因；主要评估了极端天气气候事件和天气气候灾害对人类和经济社会的影响，从暴露度和脆弱性的角度重点评估了不同领域及不同区域的不同灾种的变化特征，综合分析了各类极端天气气候事件和灾害影响的案例；最后，在气候变化、极端天气气候事件以及灾害风险管理等自然科学问题讨论和研究的基础上，从社会科学角度分析总结过去的经验与实践，凝练提出各类防范、减缓及适应措施，评估和设计了灾害风险管理、适应和可持续发展战略的策略选择。

在IPCC《管理极端天气气候事件和灾害风险，推进气候变化适应》特别报告（Managing The Risks of Extreme Events and Disasters to Advance Climate Change Adaptation，SREX）、联合国国际减灾战略（United Nations International Strategy for Disaster Reduction，UNISDR）全球减灾评估报告、IPCC AR5 等国际相关重要评估报告的科学基础上，本报告针对中国在气候变化背景下极端天气气候事件、灾害风险管理与适应等问题进行了重点评估，保证了本报告具有高起点，且符合中国国情。较之不久前国内出版的相关报告（如《中国气候与环境演变：2012》、《气候变化国家评估报告》、《应对气候变化报告》等）而言，本报告针对中国在极端天气气候事件和灾害风险管理与适应方面的具体问题进行评估，主题更集中，内容也更加系统和全面。因此，在借鉴国际和国内最新成果的基础上，本报告起点高，且中国特色突出，将有助于国家在应对极端天气气候事件和灾害风险管理、适应和可持续发展等方面做出合理的策略选择，亦对推进未来中国在极端天气气候事件和灾害风险管理与适应方面的工作有重要意义。

本报告的主要读者包括各级政府部门、企业、群众组织和民间团体的有关人员，相关学科的专业技术人员、大专院校师生和具有一定相关专业知识背景的社会各界人士。

一、极端天气气候事件和灾害风险管理：背景与内涵

1. 理论、政策与实践

灾害是一种在一定自然环境或社会环境背景下产生的、超出人类社会控制和承受能力、对人类社会造成危害和损失的事件，是自然与社会综合作用的产物。天气气候灾害（以下简称灾害）是种类和频次最多、影响最广泛、总体损失最严重的自然灾害，由于其受到天气气候条件的影响，因此与气候变化关系密切。

灾害风险是致灾因子、暴露度和脆弱性的函数，可以表示为：

$$R=f（D，E，V）$$

式中 R 为灾害风险指标，D、E、V 分别为致灾因子、暴露度和脆弱性指标。灾害风险不仅取决于致灾因子（包括极端和非极端天气气候事件）的严重程度，也在很大程度上取决于脆弱性和暴露度的水平（图1）。致灾因子是风险产生和存在与否的第一个必要条件，不但在根本上决定某种灾害风险是否存在，而且还决定着该种风险的大小。一般来说，致灾因子的变异强度越大，发生灾变的可能性越大或灾变发生的频度越高，则该风险的危险性就越高。承灾体的暴露度，是特定灾害事件发生时的影响范围和承灾体分布在空间上的交集，仅当存在这种交集时，一个致灾因子才能构成了一种风险。脆弱性也称为易损性，是承灾体内在的一种特性，这种特性是承灾体受到自然灾害时自身应对、抵御和恢复能力的特性。暴露度和脆弱性是动态的，因时空尺度而异，并明显受到经济、社会、地理、人口、文化、体制、管理和环境等因素的影响。

致灾影响阈值（以下简称致灾阈值）与导致灾害发生的天气气候条件密切相关，当天气气候达到某一临界条件时，就极可能会引发灾害，造成生命或经济社会财产损失，该临界条件就是致灾阈值。致灾阈值与极端天气气候事件阈值有联系，但也存在差别。二者都是临界条件，但极端天气气候事件阈值更多地与事件发生的强度及概率有关，而致灾阈值则重点考虑是否会引发灾害，与承灾体的暴露度和脆弱性关系密切。一方面，即使某个天气气候记录被判定为极端天气气候事件，也可能未达到致灾程度；另一方面，即使是非极端天气气候事件，也可能达到或超过致灾阈值而引发灾害。致灾阈值还与承

险管理研究和实践已成为当前和未来国家重大需求之一。然而，由于灾害风险管理研究所涉及的要素比较复杂，现有的理论和方法还存在诸多瓶颈，尤其在承灾体脆弱性分析、风险不确定性分析、时空尺度问题和灾害风险对气候变化的响应等方面还需进一步深入研究，通过典型案例研究不断完善现有理论和方法，逐步建立起科学、规范、系统和完整的灾害风险评估和管理体系。

除有效的灾害风险管理外，如何适应气候变化是应对极端天气气候事件和灾害的另一个重要议题。适应气候变化是生态、社会或者经济系统响应实际的或者预期的气候刺激及其影响而做出的调整，包括过程、行动或者结构的改变，以减轻或者抵消潜在损害或者开发与气候变化有关的有利机会。在气候变化背景下，减灾与适应的协同、减缓与适应的协同是有效应对极端天气气候事件和灾害风险的长期最优选择。任何适应性措施都会额外增加成本，也就是"适应成本"，主要包括科普宣传教育、防护基础设施投资、灾害预测预警、灾害风险分担体系、应急救援、灾后恢复重建等方面，发展中国家面临着发展与适应的双重挑战，需承担比发达国家更高的适应成本。目前，国际上所积极倡导的"适应性管理"是面对人类和生态系统的各种不确定性和复杂性而采取的一种灵活决策机制，也就是一个反复在实践中学习，并不断提高适应能力的过程。此外，从根本上提升系统应对灾害风险的能力、增强适应性和恢复能力，还需要辅之以社会契约、安全含义，以及发展模式等社会结构的调整和变革。

灾害风险管理与适应涉及经济社会系统与自然生态系统的各个方面，其要点主要包括：完善综合体系、推进协同管理、强调分级应对、提高恢复能力等四个方面。需要针对极端天气气候事件和灾害的发生发展规律，完善涵盖灾前准备、监测预警、处置救援和恢复重建等的全过程风险管理，并在不同部门之间发挥政策协同效应；需要处理好灾害风险管理与适应气候变化的协同，国际机制与国内政策的协同，以及不同区域政策的协同；需要坚持统一指挥、分级负责、协调配合、科学应对的原则，明确中央和地方政府在灾害风险管理体系中的责任，明确政府、部门与个人之间在灾害风险管理体系中的责任；需要通过有效降低承灾体的暴露度和脆弱性，提高对各种极端天气气候事件和灾害风险不利影响的恢复能力，保障经济社会的可持续发展。

除IPCC以外，其他国际组织与机构也在极端天气气候事件和灾害风险管理与适应方面做出了努力，如UNISDR、世界气象组织（World Meteorological Organization，WMO）、联合国环境规划署（United Nations Environment Programme，UNEP）、世界银行（World Bank Group，WBG），以及亚洲减灾中心（Asian Disaster Reduction Center，ADRC）等。这些国际组织与机构积极倡导的灾害风险管理要点和经验主要包括：尽快建立健全减缓灾害风险和适应气候变化的法律法规，加强相关体制安排，强化风险治理；提倡将灾害风险管理与适应纳入国家发展规划，与减贫、可持续发展、千年发展目标等紧密联系在一起；促进地方的能力建设，倡导自下而上方法的实践；利用现有的能力和资源来识别风险，并分配足够的财政资源用于天气气候灾害的预防、响应和恢复；加强成本效益分析，将减缓灾害风险的投资纳入战略规划者和金融实战家的视野；充分发挥私营部门的作用，在灾害风险减缓中寻找更多的资金支持；充分发挥科学技术的作用。

美国、金砖国家、欧盟及日本等国家在极端天气气候事件和灾害风险管理、适应气候变化方面的战略新动向，主要包括政策立法、机构建设、科技研发、资金支持以及监测监管等方式。从各国的政策、实践经验来看，采取早期的极端气候防范和预警措施，加强自然资源的可持续管理，提高公众的风险意识，加强社会系统的保障条件等都是适应气候变化和降低灾害风险的有效措施。目前国际层面的努力和援助虽取得了较好的效果，但尚未对脆弱地区和人民生活带来实质性的改善，从国际到区域层面，资金和技术等支持均有待加强。

针对在极端天气气候事件和灾害风险管理与适应方面所面临的严峻形势，中国制定和完善了相关的制度政策，并开展了一系列的行动措施，主要包括：第一，在制度建设方面，制定并完善了相关法律条例和应急预案体系，在国家层面出台了防灾减灾战略规划，将极端天气气候事件和灾害风险管理纳入法制化管理的轨道；第二，在能力建设方面，主要加强了极端天气气候事件和灾害监测预警、灾害风险防御工程，以及灾害应急救灾和灾后恢复重建等方面的能力建设；第三，在保障措施方面，加强了科技应急机制建设、人才培养体系建设，以及宣传教育体系建设。

经过以上政策实施与行动方面的长期努力，目前中国在极端天气气候事件和灾害风险管理与适应上已取得了一些显著成效，具体表现在以下四个方面：首先，极端天气气候事件和灾害风险管理综合协调能力显著增强，确定了由国家减灾委等机构负责组织协调全国防灾减灾救灾的工作机制，进一步完善了灾害应急响应机制，并将极端天气气候事件和灾害风险管理纳入到国家可持续发展的政策、计划和行动之中；其次，应对极端天气气候事件和天气气候灾害能力显著增强，及时、高效、有序地应对了多起极端天气气候事件和天气气候灾害，最大程度地减轻了经济损失和人员伤亡；再次，极端天气气候事件和灾害风险管理科技支撑能力显著增强，空间技术、数字化技术和网络化技术等方面的科研成果在防灾减灾工作中得到了进一步推广和应用；最后，社会公众对极端天气气候事件和灾害风险的防范意识显著增强。

科学界认为，人类活动已经改变了全球气候系统，全球变暖日益加剧，造成了严重影响。高温和其他极端天气气候事件损害了粮食生产，海平面上升、风暴的破坏性更强，使沿海城市面临更高的风险。气候变化的影响已经并正在对世界经济造成危害。这些情况迫切需要全人类共同应对挑战，强化应对气候变化的行动。

积极应对极端天气气候事件、有效管理灾害风险，是涉及中国可持续发展的一项重要工作，未来在以下五个方面应着力加强：第一，加强气候变化适应和应对能力建设。在总体战略规划、体制和法制建设、工程措施、气候变化业务系统建设，以及公众认知水平等层面，全面提高应对极端天气气候事件和抵御灾害风险的能力。第二，加强灾害风险管理和综合防灾减灾。总结中国灾害管理工作的主要经验和教训，借鉴国际灾害风险管理的先进经验，结合中国实际情况，制定国家综合防灾减灾战略，确保各级政府将灾害风险管理列入国民经济和社会发展规划中。第三，加强巨灾综合应急管理能力建设。将巨灾防范纳入国家安全体系和综合减灾体系，加大投入，加强巨灾综合风险防范能力建设，提高巨灾处置应对能力，完善应对巨灾的社会动员机制，建立符合中国国情的巨灾保险和再保险体系。第四，加强城乡灾害风险防范与适应能力建设。建立城乡社区防灾减灾工作机制，提高社区灾害监测预警能力，加强基层综合减灾场所建设，制定和完善民房设防标准，改善农民居住条件，提高农房抵御自然灾害能力。第五，提升极端天气气候事件和灾害风险防范意识。围绕"应对极端气候"、"适应气候变化"、"防灾减灾"等主题，积极组织开展形式多样的宣传教育活动，建立健全防灾减灾科普宣传教育长效机制，提高社会公众的极端天气气候事件和灾害风险防范意识和避灾自救能力。

2. 气候变化与极端天气气候事件

气候变化是自然变率和人类活动共同作用的结果。每 5~7 年，IPCC 对全球气候系统变化的最新进展和成果进行评估并发表评估报告，既为《联合国气候变化框架公约》（United Nations Framework Convention on Climate Change，UNFCCC，简称《公约》）谈判提供科学依据，也是国际社会应对气候变化行动的科学基础。

《公约》第一条第二款把气候变化定义为："'气候变化'是指除了在相应时期内所观测到的气候自然变率之外，因人类活动直接或间接的改变地球大气组成而造成的气候变化。"《公约》更关注工业革命（1750 年）以来人类活动导致的气候变化，重点考虑的是如何采取行动减少人为因素所导致的气候变化，避免气候系统达到危险水平。在科学层面，当今学术界关注的气候变化实际是气候系统变化，涉及大气圈、水圈、冰冻圈、岩石圈（陆地表层）、生物圈与人类社会可持续发展，研究对象从传统的大气圈，扩展到气候系统内部多圈层相互作用和人类社会可持续发展。

在统计意义上，极端天气气候事件通常被理解为"小概率"事件。而在实际研究中，针对不同的研究对象、目标或内容，极端天气气候事件被赋予了更丰富的内涵。对于台风、龙卷、沙尘暴等特殊天气现象而言，通常难以通过单一气候变量的分布变化来描述其全部特征，但因其发生概率小，且其生成和发展过程往往伴随着强烈的天气现象，因而也常被纳入极端天气气候事件范畴。此外，一些在很小的时空尺度内观测到的并不极端的天气气候状态或事件，如果在时间上连续发生，或在空间上同时发生，其某些定量表征指标也会达到"小概率"程度，有时也被称为极端天气气候事件。无论从哪个层面来理解极端天气气候事件，它们都存在着三点共性：一是与天气气候条件（状态或变化）关系密切，二是发生概率小，三是能够采用某些定量指标予以判定。当然，科学研究的重点是那些更有可能对自然或社会系统产生不利影响的极端天气气候事件。

气候变化不但包含气候变量平均状态的变化，那些远离平均状态而较少出现（小概率）的气候值或现象，即极端天气气候事件，是气候变化的重要内容。气候变量的变化主要表现为三种基本形式：其一，气候分布整体平移，暖向平移表现出极热事件增多，极冷事件减少；其二，气候变率发生改变，即使气温均值保持不变，但分布形态的"变宽"、"变矮"，仍表现出气温的变率增大，极热和极冷事件都会增多；其三，偏态分布发生变化，如在降水量增加的同时，强降水事件发生的概率也会增大，这正是近几十年包括中国在内的全球许多地区观测到的一种典型的气候变化。观测到的某气候变量的变化通常是上述三种形式混合在一起的结果。当气温变化表现为第一、二种形式混合时，均值升高且变率增大，极热事件会明显增多，而极冷事件或增多或减少或基本保持不变。如近几十年来，中国区域夏季极热记录增高的程度大于夏季平均态的增暖，而冬季极冷记录的增高小于冬季平均态的增暖。

在现有研究中，按照极端天气气候事件的性质、指标或要素、影响程度等，从不同的角度对极端天气气候事件进行了分类。不同的分类方法对评估会产生一定的影响，而且在不同类别极端天气气候事件研究成果的数量和质量方面，也存在比较大的差别。为此，本报告综合考虑上述分类方法，在具体评估过程中，把极端天气气候事件主要分为单要素极端天气气候事件和多要素极端天气气候事件两类（表1），同时依据现有成果，对区域性极端天气气候事件及其变化问题进行评估。此外，本报告围绕中国区域气候和极端天气气候事件变化问题，把厄尔尼诺等作为影响中国区域极端天气气候事件变化的因素，把极端天气气候事件对自然系统和社会系统的严重影响作为灾害，并在相应的章节中分别进行讨论。

表 1　中国主要极端天气气候事件常用判定指标

极端天气气候事件		常用指标[1]和阈值	依据
单要素	高温	日最高气温 ≥ 35.0℃	中国气象局业务规范
	暴雨	12h 降雨量 ≥ 30.0 mm 或 24h 降雨量 ≥ 50.0 mm	中华人民共和国国家标准（GB/T 28592-2012）
	暴雪	12h 降雪量 ≥ 6.0 mm 或 24h 降雪量 ≥ 10.0 mm	中华人民共和国国家标准（GB/T 28592-2012）
	大风	瞬时风速 ≥ 17.0 m/s 或风力 ≥ 8 级	中华人民共和国气象行业标准（QX/T 48-2007）
多要素	热浪	热浪指数 HI（根据日最高气温、日平均相对湿度和持续时间等计算）≥ 2.8	中华人民共和国国家标准（GB/T 29457-2012）
	寒潮（单站）	日最低（或日平均）气温 24h 内降幅 ≥ 8℃ 或 48h 内连续降幅 ≥ 10℃ 或 72h 内连续降幅 ≥ 12℃，且日最低气温 ≤ 4℃	中华人民共和国国家标准（GB/T 21987-2008）
	气象干旱	综合气象干旱指数 CI（根据标准化降水指数和相对湿度度指数计算）≤ -0.6	中华人民共和国国家标准（GB/T 20481-2006）
	台风[2]	底层中心附近最大平均风速 ≥ 32.7m/s 或底层中心附近最大风力 ≥ 12 级	中华人民共和国国家标准（GB/T 19201-2006）
	沙尘暴	风力 ≥ 6 级（或风速 ≥ 10.8 m/s）且水平能见度 ≤ 1.0 km	中华人民共和国气象行业标准（QX/T 48-2007）
	雾	水平能见度 < 1.0 km，且相对湿度较高，常呈乳白色	中华人民共和国气象行业标准（QX/T 48-2007）
	霾	水平能见度 < 10.0 km，且相对湿度较低，常使远处光亮物体微带黄、红色，黑暗物体微带蓝色	中华人民共和国气象行业标准（QX/T 48-2007）

注：① 针对每种极端天气气候事件，在学术上都不存在唯一性判定指标。这里仅给出目前中国气候业务和相关研究中较常用的判定指标。

② 习惯上也将底层中心附近最大平均风速 ≥ 17.2 m/s 或底层中心附近最大风力 ≥ 8 级的热带气旋统称台风。

二、极端天气气候事件的特征、变化和成因

1. 中国极端天气气候事件的特征

中国极端天气气候事件种类多，频次高，阶段性和季节性明显，区域差异大，影响范围广。高温热浪、低温冷冻、干旱、暴雨、洪涝、台风、沙尘暴、霜冻、大风、雾、霾、冰雹、雷电、连阴雨等各类极端天气气候事件普遍存在，频繁发生，影响广泛。极端高温高发区较集中，干旱分布广泛，极端强水多发于南部，台风登陆时间集中，沙尘暴季节性明显，霜冻及寒潮北强南弱，大风区域性特点突出。

将日最高气温 ≥ 35℃作为一个高温日。统计显示，1981~2010 年，中国西北地区西部（新疆和内蒙古西部）和东南地区（黄淮南部、江淮、江汉、江南和华南南部等地）以及四川盆地东部，年均高温日数一般有 20~30d（图 3a），浙江、江西、福建、重庆部分地区高温日数可达 30~50d，新疆吐鲁番最多，高达 103d。1961~2013 年，除青藏高原外，中国大部分地区极端最高气温均在 35℃以上，东北地区西部、华北大部、黄淮、江淮、江汉、江南、四川盆地东部及新疆大部地区极端最高气温普遍有 40~42℃，重庆、河南、新疆、内蒙古的局部地区超过 42℃，新疆吐鲁番最高，达 48.3℃。华北地区高温天气主要集中出现在 6、7 月，华东、华中、华南和西南地区主要集中在 7、8 月份。

中国强降水事件多发于 35°N 以南，且以持续一天的事件为主，持续三天以上的极端降水事件则主要发生在东南沿海和青藏高原东南部到云贵高原西部地区。将日降水量 ≥ 50mm 作为一个暴雨日。1981~2010 年，中国年暴雨日数分布从东南往西北减少，淮河流域及其以南大部地区普遍在 3d 以上，华南大部及江西等地达 5~10d（图 3b）。中国年暴雨日数极大值分布的特点是南部多、北部少，东部多、西部少，长江中下游以南大部地区年暴雨日数极大值一般有 10~15d，广东南部及海南东部超过 15d。中国 24h 降水量极大值总体呈东多西少，南多北少的分布态势，海南、两广部分地区有 400~500mm，局地超过 500mm。除海南岛和浙江沿海等地外，中国东部强降水在一年中平均出现的时段和位置基本与东亚季风影响下雨带出现日期及其推移规律相吻合。

将日降雪量 ≥ 10mm 作为一个暴雪日。1981~2010 年，中国年平均暴雪日数的高值区

主要分布在青海南部、西藏大部、东北地区东部、江淮及长江中下游等地区,其中青海南部、西藏东北部的年平均暴雪日数大于4d(图3c)。中国最大积雪深度的高值区主要分布在东北地区的东部和北部、新疆北部、西藏西部、青海南部、云南西北部和东部、江淮及长江中下游等地区,其中东北地区的东部和北部、新疆北部、西藏西部及长江下游的最大积雪深度大于35cm。

将瞬时风速≥17m/s作为一个大风日。1981~2010年统计显示:中国有三个大风多发区,其中青藏高原地区是大风分布范围最广、天数最多的地区,年均大风日数高达30~100d(图3d)。此外,特殊的地形条件和地理环境在山地隘口及孤立山峰处形成大风多发区。中国年大风日数极大值分布其分布形势与年大风日数分布相似,也有三个明显高值区:一是青藏高原,有100~180d;二是内蒙古中东部和新疆西北部和东部,多为80~120d;三是东南沿海及其岛屿,有80~200d。此外,受地形影响,局部地区如新疆的一些风口区和东部地区的一些孤立山峰,亦可达120~200d。

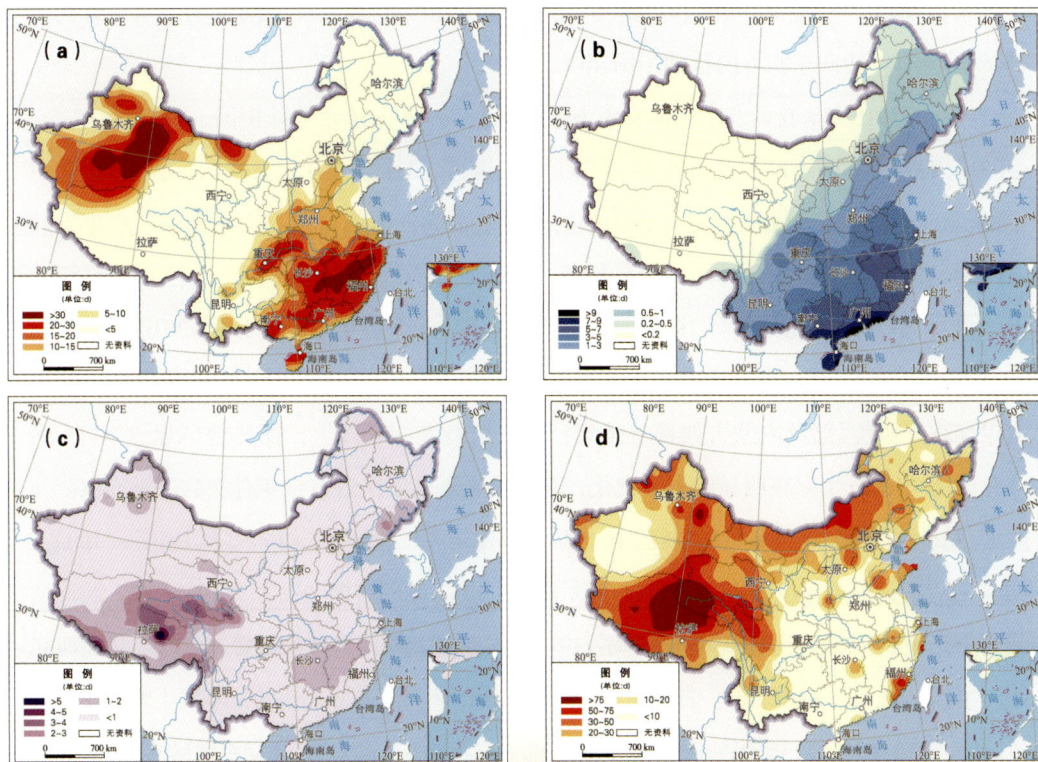

图3 中国年高温日数(a),年暴雨日数(b),年暴雪日数(c)和年大风日数(d)分布(1981~2010年平均,单位:d)

中国处于季风气候区，干旱具有发生频率高、分布广、持续时间长、季节性和地域性明显的特点。西北大部分地区是常年气候干旱区，东北中南部、西北地区东部、内蒙古中部和东部、华北、黄淮以及西南东北部、华南西部等地受季节性干旱影响较严重，干旱日数普遍有110~120d，部分地区超过120d（图4a）。干旱在不同季节的发生区域存在一定的空间差异，春季，北方少雨雪，干旱最为常见；夏季，东北西部、华北大部、西北东部和黄淮北部干旱多发；秋季，干旱主要分布在东北西南部、华北、黄淮、长江中下游和华南等地；冬季，华南、西南干旱高发。1961~2013年，中国共发生了164次区域性气象干旱事件，其中极端干旱事件16次，严重干旱事件32次，中度干旱事件65次，轻度干旱事件50次（《中国气候变化监测公报》，2013年）。

以中心附近最大风力≥8级的台风为统计标准。1949~2013年影响中国台风主要有三条路径：一是西北路径，台风从原地（指菲律宾以东洋面）一直向西北方向移动，大多在台湾、福建、浙江一带沿海登陆；二是西移路径，台风从原地向偏西方向移动，往往在广东、海南一带登陆；三是近海转向路径，台风从原地向西北方向移动，当靠近我国东部沿海时，转向东北方向移动（图4b）。

1949~2013年，在西北太平洋和南海生成的台风中有456个登陆中国，平均每年7个，其中登陆时中心附近最大风力≥12级以上的台风为3.3个。每年的5~11月为台风登陆中国季节，集中登陆期为7~9月。台风登陆频数最多的地区为台湾岛、海南岛、广东省和福建省部分地区，其中台湾岛的频数最高。

一天中凡出现能见度≤1km的沙尘暴天气作为一个沙尘暴日。1981~2010年，中国西北大部、内蒙古和西藏大部等地年沙尘暴日数普遍在5d以上，其中南疆盆地、青海中西部、西藏西部及内蒙古西部等地年沙尘暴日数在20d以上，部分地区超过30d（图4c）。沙尘暴发生存在明显的季节变化，春季沙尘暴发生次数占全年总次数的近50%。

对单站而言，若日最低气温在24h内降温幅度≥8℃，或者在48h内降温幅度≥10℃，或者在72h内降温幅度≥12℃，且日最低气温≤4℃，则判定该站发生了一次寒潮。统计结果表明：1981~2010年，中国寒潮年均发生频数呈现从北向南递减的趋势，东北、华北西北部、内蒙古大部、新疆北部、贵州南部、湖南东南部和江南南部等地的每年发生寒潮在3次以上，其中北疆北部、内蒙古中北部、吉林大部、辽宁北部在6次以上，局部地区9次以上（图4d）。寒潮天气主要发生在春、秋和冬季，尤以11月和12月最多，3、4月寒潮也较为频繁。北疆北部、内蒙古中北部、吉林中东部的年寒潮频次极大值均在15次以上。

凡一天中出现一次雾或霾天气现象，则统计为一个雾或霾日。中国地区雾主要发生在黄淮、江淮、江南、西南、东北地区以及河北、新疆北部，一般在 20d 以上（图4e）；霾主要集中在中东部地区，普遍有 1~10d，华北中部和西南部、江淮东部、江南东北部、华南中部等地超过 20d（图4f）。雾和霾常出现于秋冬季节，其中 11 月到次年 1 月为雾和霾的多发时段。

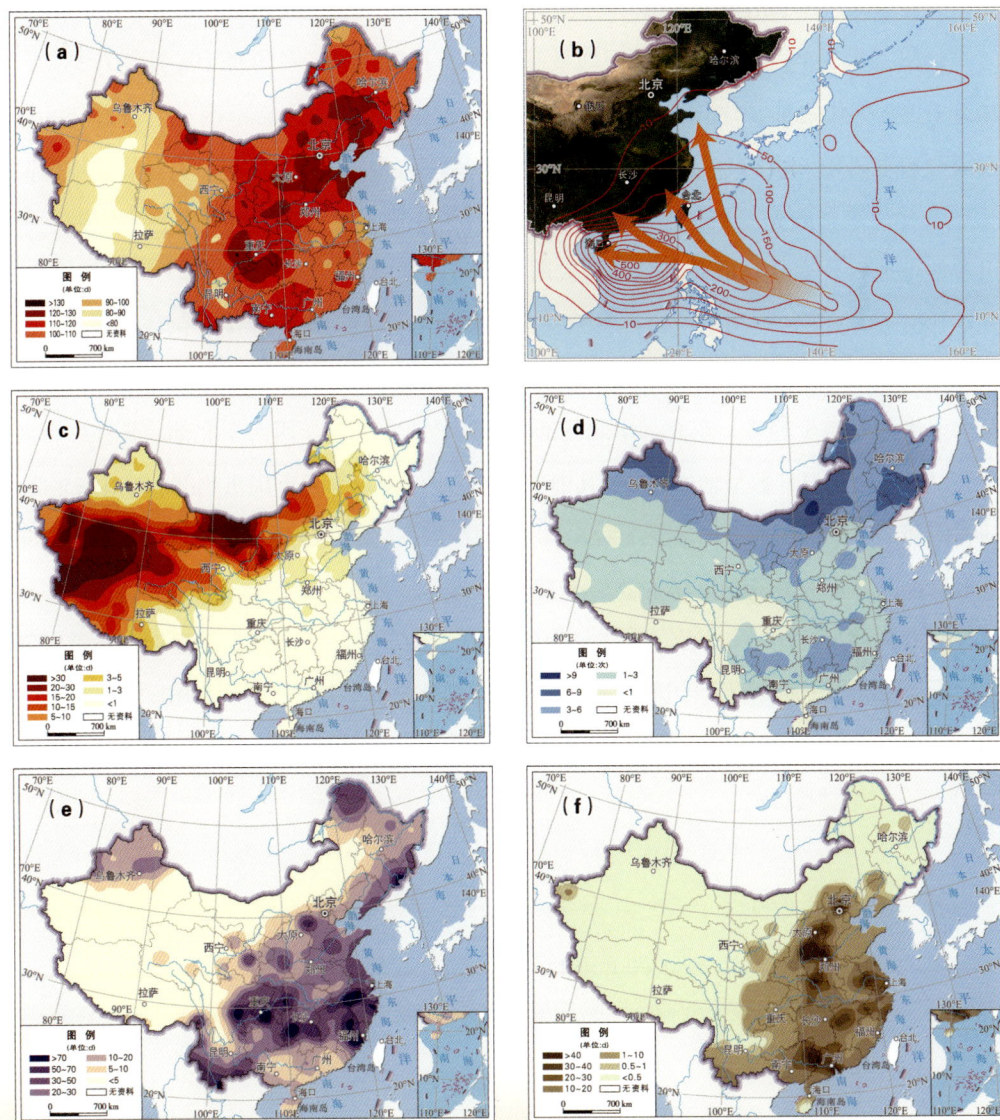

图4 中国年干旱日数（a，单位：d），影响中国台风路径（b，1949~2013 年），年沙尘暴日数（c，单位：d），年寒潮频次（d，单位：次），年雾日数（e，单位：d）和年霾日数（f，单位：d）分布（1981~2010 年平均）

2. 20 世纪中叶以来极端天气气候事件变化

IPCC AR5 WGI 报告指出，1951~2012 年，全球地表平均气温平均每 10a 升高 0.12℃，而我国的变暖幅度明显高于全球，平均每 10a 升高 0.23℃。并且，气温升高趋势表现出了高纬度地区高于中低纬度地区，冬半年高于夏半年等特征。在此背景下，我国的极端天气事件在发生频率和强度等方面也发生了明显变化。

1961~2013 年，中国地表年平均最高气温呈上升趋势，平均每 10a 升高 0.25℃。20 世纪 90 年代之前，中国年平均最高气温变化相对稳定，之后呈明显上升趋势。从空间分布上来看，北方气温升高明显，南方大部分地区变化不明显。从季节平均最高气温来看，冬季的升高最为明显，夏季的升高不显著，在黄河下游、长江中下游、四川盆地等地区夏季平均最高气温出现较明显的下降趋势。

1961~2013 年，中国平均高温日数总体上呈增多趋势，且阶段性变化特征明显，20 世纪 60~80 年代中期呈减少趋势，80 年代后期至今呈显著增多趋势（图 6a）。黄河下游及湖南南部有减少趋势，东北、华北北部和西部、西北大部、西南东北部、长江中下游及其以南地区高温日数呈增加趋势，其中华南大部、江南东部及重庆东北部、湖南东北部、新疆南部、内蒙古西部增加显著（图 5）。中国日最高气温出现历史极值的站次数呈逐年增多趋势，平均每 10a 增多 16 站次，尤其是 2000 年以来增多显著，近 14a 中，有一半年份日最高气温出现历史极值的站次数超过 100（图 6c）。综合考虑高温强度、持续时间和发生面积等因子所定义的中国区域性高温事件呈显著增多趋势，平均每 10a 增加 0.4 次，20 世纪 60 年代前期和 90 年代末以来为高温事件频发期（图 6e）。

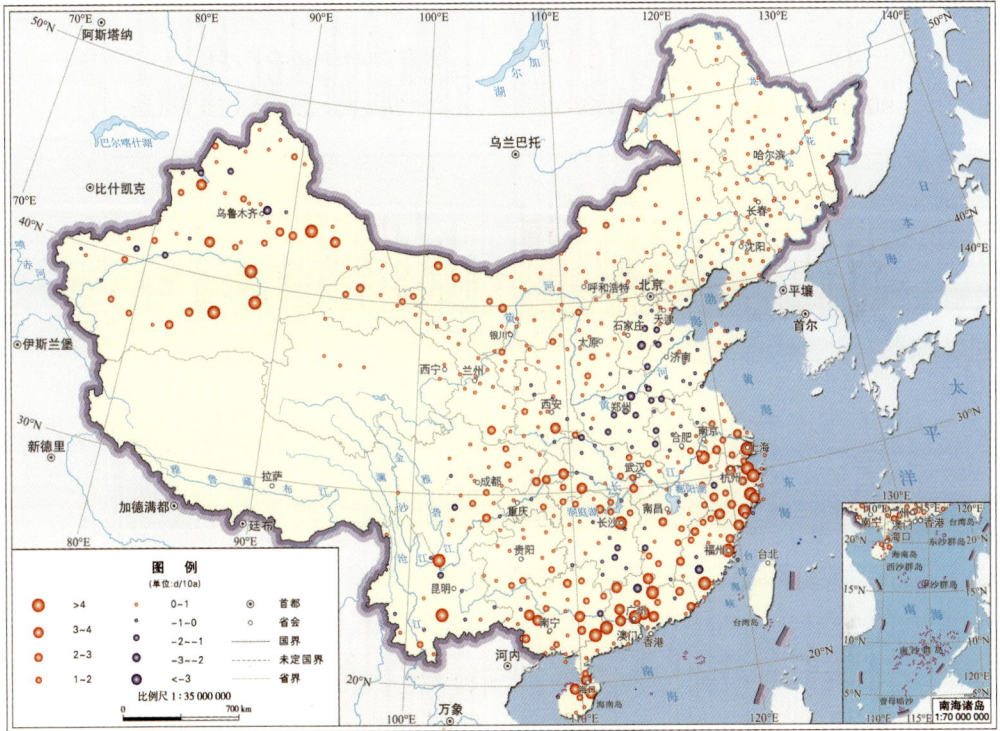

图5 1961~2013 年中国年高温日数线性变化趋势（单位：d/10a）分布

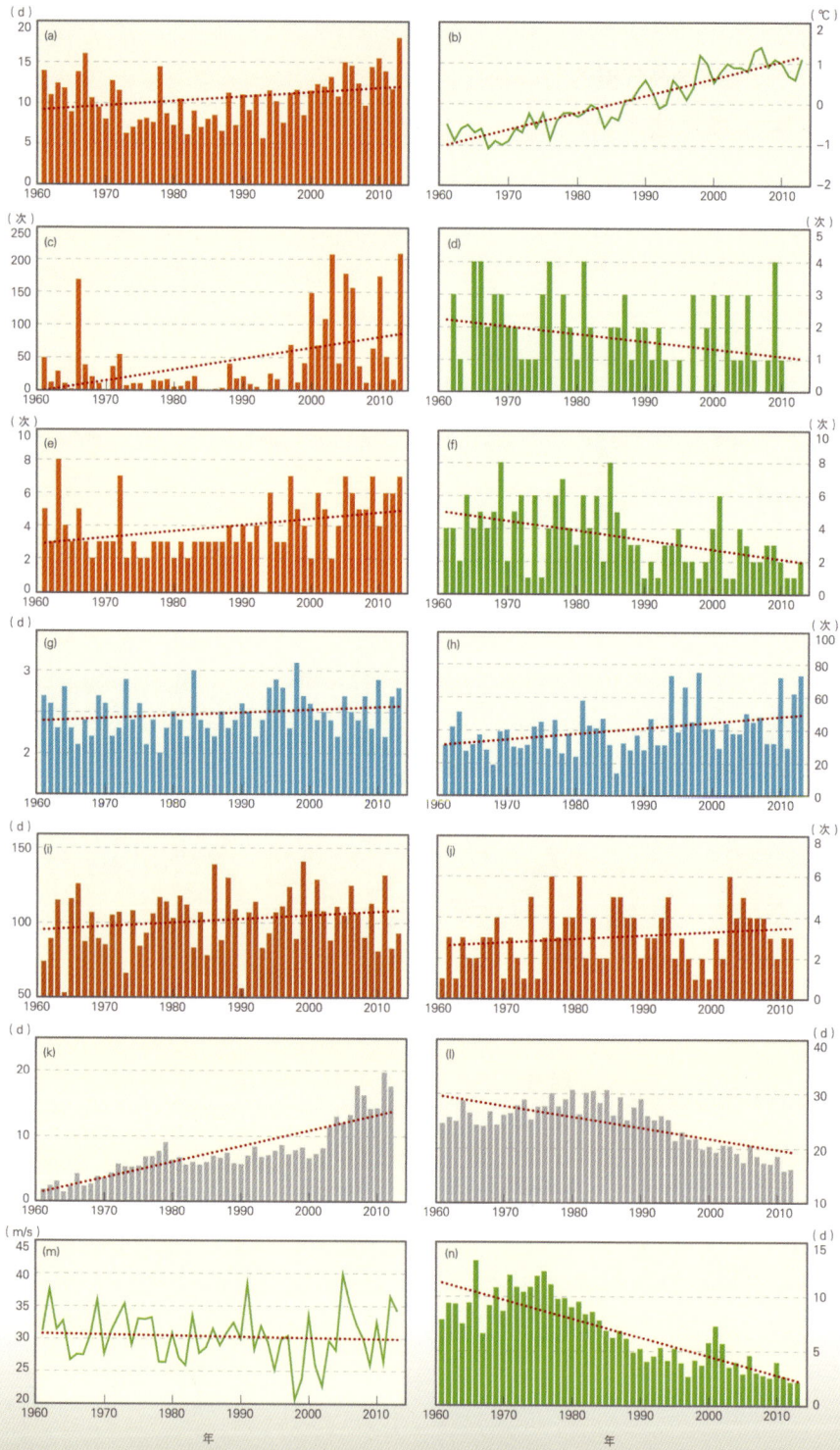

图6 1961~2013 年中国区域极端天气气候事件关键监测指标变化

1961~2013 年，中国地表年平均最低气温呈显著上升趋势，平均每十年升高 0.42℃，高于年平均气温和年最高气温的上升速率。1987 年之前最低气温上升较缓，之后升温明显加快（图 6b）。中国北方地区的上升趋势相对更为显著。各季节平均最低气温也呈升高趋势，其中冬季升高最为明显。

1961~2013 年，综合考虑低温强度、持续时间和发生面积等因子所定义的中国区域性低温事件呈显著减少趋势，平均每 10a 减少 0.6 次（图 6f）。1961 年以来，总共发生 190 次区域性低温事件。20 世纪 60~80 年代中期为低温事件频发期。高强度持续性低温事件主要发生在西北北部（新疆）、长江流域及以南地区。

1961~2013 年，除西部地区降水日数（日降水量 ≥ 0.1mm）呈增多趋势外，中国其余大部地区呈减少变化趋势。

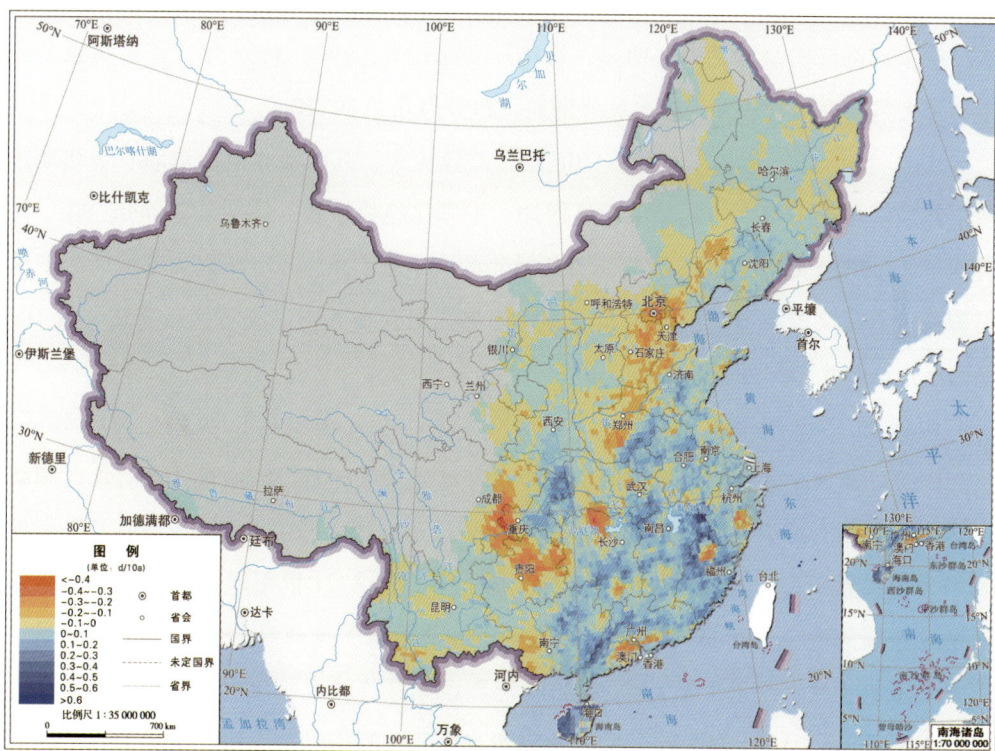

图 7　1961~2012 年中国年暴雨日数线性变化趋势（单位：d/10a）分布

1961~2013 年，中国 100°E 以东地区平均年暴雨日数（≥ 50 mm/d）呈微弱的增多趋势（图 6g）。除华北、东北西南部、四川盆地西部呈减少趋势外，中国中部和东部的其余大部分地区年暴雨日数表现为增加趋势，但趋势并不显著，其中长江以南部分地区暴雨日数增加趋势值相对较大（图 7）。日降水量 ≥ 100 mm/d 日数在长江中下游地区增加明显，而在北方地区呈减少趋势。

1961~2013 年，中国年日降水量出现历史极值的站次数呈增多趋势，平均每 10a 增加 3 站次。日降水量历史极值主要出现在 20 世纪 90 年代以后，其中 1998 年最多，有 75 站次日降水量出现历史极值（图 6h）。

1961~2013 年，中国东北地区北部、新疆、青藏高原东部平均强降雪量和强降雪日数均呈明显增加趋势。强降雪量和强降雪次数增加的高值中心位于海拉尔和呼和浩特附近，而下降的高值中心则位于京津地区。新疆大雪—暴雪过程高发区位于阿勒泰地区、伊犁河谷和天山北坡，增长率分别为 0.3 次 /10a、0.7 次 /10a 和 0.5 次 /10a。青藏高原东部强降雪量增加趋势明显，且年际变化较大，1967~1996 年，青藏高原东部冬半年大雪—暴雪过程发生频次显著增加，趋势为 0.23 次 /10a。

1961~2013 年，中国干旱特征的区域性差异较大，其中西北地区东部、华北地区和东北地区极端干旱发生的频率明显增加，干旱化趋势显著，特别是 20 世纪 90 年代后期至 21 世纪初，上述地区发生了连续数年的大范围严重干旱。南方大部地区的干旱面积在近 50a 来没有显著的增加或减少的趋势，但存在着明显的年代际变化。近 10a 来西南地区特大干旱发生趋于频繁。

1961~2013 年，中国区域性气象干旱事件呈增多趋势（图 6j），东北、华北、河套地区、长江中游以及西南等地的区域性气象干旱事件频数呈增多趋势，而长江下游地区和新疆北部则表现为减少趋势。国家气候中心监测显示，1961~2013 年中国 100°E 以东地区年平均气象干旱日数每 10a 增加 2.5d（图 6i）。进入 21 世纪以来我国中东部地区干旱事件频繁发生，2006 年夏季四川、重庆等地出现严重高温干旱，2011 年春季长江中下游地区发生严重干旱。2009~2013 年西南地区连续五年出现冬春季大旱，其中 2009 年秋季至 2010 年春季的干旱波及贵州、广西、四川以及重庆等地，为西南地区有气象记录以来最严重的干旱事件。

1949~2013 年，登陆中国的中心风力 ≥ 8 级台风的个数呈弱的增加趋势，且年际变化大，最多年有 12 个，最少年仅有 4 个。中心风力 ≥ 12 级的登陆中国台风个数变化呈增加趋势，21 世纪以来尤其明显。从登陆强度来看，1961~2013 年登陆台风的平均最大风速无明显变化趋势，但 21 世纪以来强度增加明显，增强速率为 4.7m/s/10a（图 6m）。初次登陆台风（初台）日期呈偏晚趋势，大约每 10a 推迟 1.1d；末次登陆台风（终台）的日期则趋于偏早，大约每 10a 提早 1.9d。

1961~2013 年，中国北方地区沙尘日数总体呈减少趋势，特别 20 世纪 80 年代以后，沙尘日数明显减少（图 6n）。大部分地区 20 世纪 80 年代、90 年代平均沙尘暴日数明显少于 50 年代、60 年代。在河西走廊中部地区，沙尘天气在 60 年代较少，70 年代最多，80~90 年代中期呈减少趋势，1998~2004 年又有所增多。在阿拉善地区，大风天气造成的沙尘暴天气在 20 世纪 60 年代开始出现上升趋势，到 20 世纪 80 年代达到峰值，在 20 世纪 90 年代开始又有回落的趋势。

1961~2013 年，中国平均冰冻日数呈显著减少趋势，平均每 10a 减少 0.6d。中国冰冻日数的减少与气温的显著上升及相对湿度和风速的明显减小关系密切。全国性寒潮频次也成明显减少趋势，平均每 10a 减少 0.2 次（图 6d）。其中，20 世纪 60 年代和 70 年代寒潮频次偏多，80 年代至 90 年代前期偏少，之后又有所增多。

中国的雾、霾天气主要出现在 100°E 以东地区。1961~2012 年，中国 100°E 以东地区平均年雾日数总体呈减少趋势，20 世纪 90 年代之前一直维持较常年偏多，90 年代以后，比常年偏少，且有显著减少趋势（图 6k）。1961~2012 年，我国 100°E 以东地区平均年霾日数呈显著增加趋势，且表现出不同年代际变化特征：20 世纪 60 年代至 70 年代中期，年霾日数较常年偏少；70 年代后期至 90 年代，接近常年略偏少；21 世纪以来，年霾日数显著增多（图 6l）。中国中东部，尤其是华北区域因霾导致的能见度下降明显。

3. 极端天气气候事件变化的原因

极端天气气候事件的变化，既受到气候系统内部变率的影响，又受到包括温室气体和大气成分变化在内的外部强迫的影响。大尺度环流的变化，是极端天气气候事件长期变化的重要背景。

季风变化对中国区域极端天气气候事件变化发挥着重要的作用，而季风变化受到海洋的长期和年际变化的影响。东亚夏季气候受季风活动的控制，而季风则是海陆热力差异作用的结果，海陆热力对比的改变必将导致季风面积的相应变化。在20世纪50年代后期到21世纪初，相对于全球地表和对流层的普遍升温，盛夏东亚对流层中上层温度呈现显著冷变化，相应的在其上层（下层）是气旋（反气旋）式环流异常，从而东亚高空急流位置偏南，中国东部夏季风减弱，季风雨带北进受阻，导致了云和降水南多北少，温度北增南减。东亚季风发生在20世纪70年代末的转型，是北半球季风整体变化的区域体现。

东亚夏季风的年代际变化是气候系统内部变率作用的结果。海洋的年代际变化相关联的海温型的变化，是驱动全球和东亚季风变化的重要因子。海温强迫（主要是热带海温强迫）能够较为合理地模拟出观测中东亚夏季风环流的年代际变率，而温室气体与气溶胶的强迫作用，却是增加海陆热力差异从而使季风环流增强。东亚季风年代际转型的一个重要特征，是西太平洋副热带高压呈现出西伸的特征，它直接影响到季风雨带的位置。热带印度洋和西太平洋的增暖既是导致副高西伸的重要因子，也有利于高层的南亚高压范围扩展，进而影响到达东亚的水汽输送，从而对平均态降水和极端降水都造成显著影响。

在年际尺度上，热带海—气相互作用过程是调制东亚—西北太平洋夏季风变率的关键因子。西北太平洋异常反气旋是联系东亚—西北太平洋夏季风和厄尔尼诺与南方涛动（El Niño –Southern Oscillation，ENSO）最重要的系统，对应于西太平洋副热带高压的西伸，因此能够增强梅雨锋降水。此外，ENSO对东亚—西北太平洋夏季风存在着显著的影响。

城市化对极端温度变化的显著影响在很多区域性研究中得到证实。如城镇化对中国大陆年平均的日最低气温、日最高气温和日平均温度变化趋势的贡献约0.070℃/10a、0.023℃/10a和0.047℃/10a。城市化特别是土地利用变化和热岛效应对华东地区气象站点的日最高和最低气温变化影响显著。

利用澳大利亚联邦科学与工业研究组织（Commonwealth Scientific and Industrial Research Organisation，CSIRO）的全球模式驱动区域气候模式第二版本（Regional Climate Model Version 2，RegCM2），发现在大气 CO_2 浓度加倍的情景下，中国日最高和日最低气温都有显著的增加，而且低温增加幅度更大，从而造成了昼夜温差的缩小；降水日和极端降水日在中国北部和东南部均有增加。

区域极端天气气候事件的归因研究是当前检测归因领域研究中的一个巨大挑战。中国学者利用不同的研究方法，对类似于 2013 年夏季中国南方地区的高温热浪事件的可能外强迫原因进行了分析。

所用的最优指纹法主要基于气候模拟和观测结果进行对比分析，获得气候模式对多种组合外强迫响应的时空分布型，然后通过某种回归分析，评估各型在观测到的气候变化中的贡献，可用如下公式表示：

$$Y = XA + U$$

其中矩阵 Y 为经过滤波的观测资料，能够充分反映观测气候的时空变化，矩阵 X 为气候系统对外部强迫响应模态，A 为系数矩阵，U 为内部气候变率矩阵，可被认为是"噪音"。

研究表明，中国东部 2013 年夏季的高温比 1955~1984 年的平均值高出了 1.1℃，其中 0.8℃ 是由于气温的长期上升趋势所引起（图 8），可以归因于人类活动的影响，而另外的 0.3℃ 是由于气温的年际变率引起。当前，中国东部发生类似于 2013 年破纪录的炎热夏季的可能性，比 20 世纪 50 年代的气候下增加了约 60 倍。基于当前模式水平来估算，人为因子对该区域 7~8 月极端高温的贡献为 47.23%；关于人为因子对该地区 7~8 月极端高温发生概率增加的贡献，在 CMIP5 模式的工业革命前气候参照试验中，这类极端高温事件出现的概率为 1.047%，在考虑了外强迫的作用以后，发生概率为 2.518%，因此，归因风险为 58.42%（图 9）。

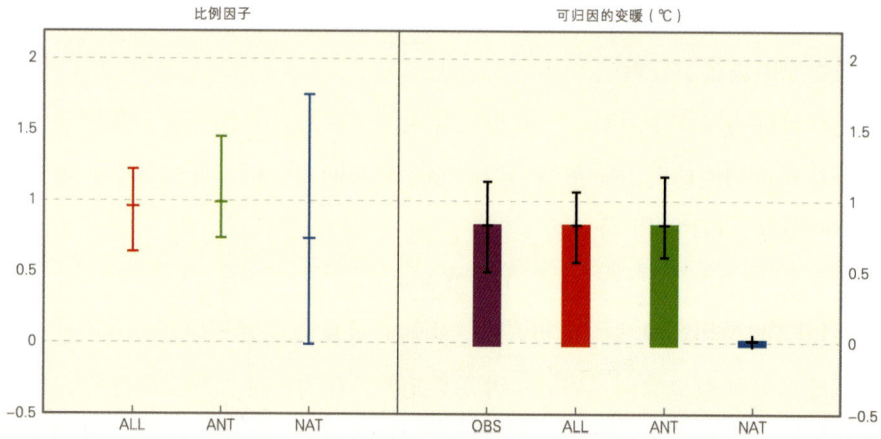

图 8 基于中国东部 1955~2012 年 6~8 月的观测资料和 41 个模式计算的比例因子和可归因的变暖。
ALL 表示全强迫实验，ANT 和 NAT 表示自然和人为强迫的结果，OBS 表示观测结果。左图为基于单信号（ALL）和双信号（ANT 和 NAT）检测的比例因子及其不确定性范围。右图为可归因的变暖。

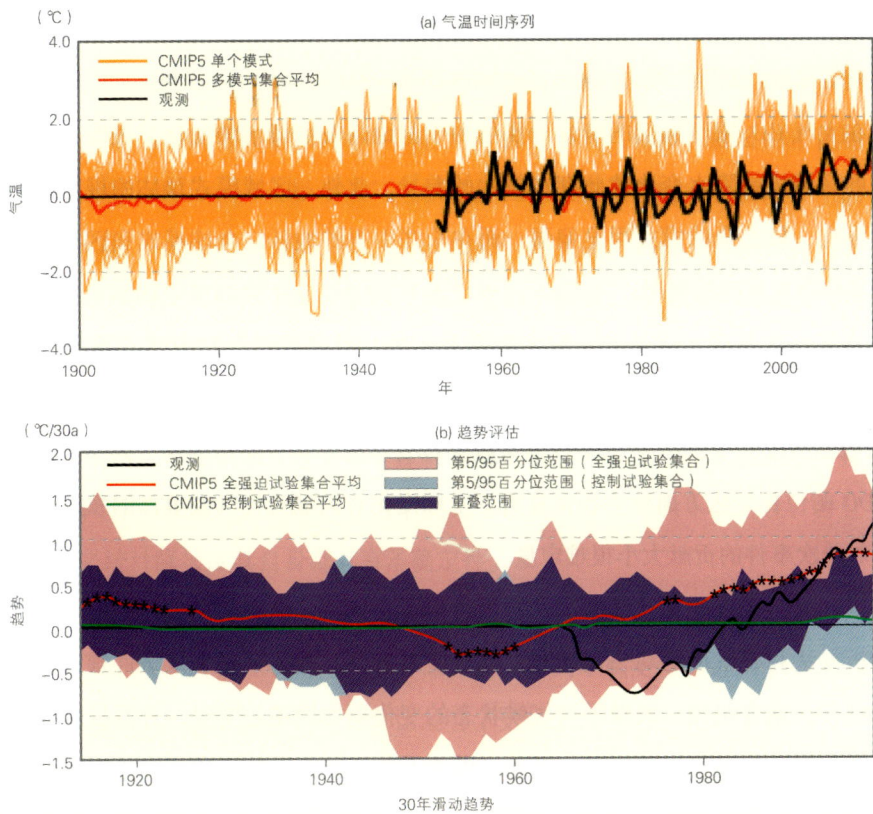

图9 (a) 观测和 CMIP5 模式模拟的华东 (24°N-33°N，
102.5°E-122.5°E) 区域平均 7~8 月表面温度距平序列。黑线为
观测数据，粗红线为 31 个 CMIP5 模式全强迫试验的结果，细黄
线为不同模式的结果；气候态定义为 1961~1990 年的平均值。
(b) 图 b 所示温度序列的 30 年滑动趋势（单位：℃/30a），时间轴
标识为 30 年窗口的第 15 年。黑线为观测的趋势，粗红线为 31 个
CMIP5 模式全强迫试验的结果，绿线为 21 个 CMIP5 模式工业
革命前气候参照试验的结果。粉红阴影表示趋势分布的第 5%~ 第
95% 百分位的范围，绿线为 31 个模式的工业革命前气候的参照试
验的结果。紫色为粉红色和绿色重叠的区域。在 1% 水平上显著的
趋势用 "*" 表示。

三、极端天气气候事件和灾害的影响及脆弱性

天气气候灾害的发生不仅与致灾因子密切相关，同时也与承灾体所处的地理位置和数量所表现出的暴露度、承灾体对致灾因子的敏感程度及其自身的应对能力所呈现的脆弱程度有关。由于中国天气气候灾害影响范围不断扩大，加之人口数量增长和经济社会发展，各类承灾体面对灾害的暴露度不断增加。各种天气气候灾害的风险几乎威胁到整个陆地面积。随着经济社会的发展和防灾减灾能力的提高，承灾体的脆弱性在一定程度上有所降低。

1. 极端天气气候事件和灾害的影响

中国是全球气候变化的敏感区和脆弱区之一。1984~2013 年天气气候灾害造成的直接经济损失为年均 1888 亿元（按 2013 年的物价水平计算，直接经济损失年均为 2580 亿元），占同期 GDP 的 2.05%，损失最严重的 1991 年达到 6.28%（图 10a），但随着防灾减灾能力的提高，因天气气候灾害而死亡的人数呈现逐年下降的趋势（图 10b）。进入 21 世纪以来，2001~2013 年中国天气气候灾害直接经济损失与同期年均 GDP 的比值为 1.07%，而同期全球灾害的经济损失与各国 GDP 总和的比值为 0.14%，美国为 0.36%。中国天气气候灾害的直接经济损失相当于 GDP 的比重为全球平均水平的近 8 倍，为美国的 3 倍。中国灾害直接经济损失不仅远远超过世界平均水平，也超过美国等自然灾害严重的国家（图 11）。在各类天气气候灾害中，暴雨洪涝和干旱造成的直接经济损失分别占总损失的 40.6% 和 21.2%，台风造成的死亡人口占总死亡人口的 50.2%（图 12）。灾害不仅对基础设施造成严重破坏，而且对人民群众的生命财产构成极大的损害和威胁，已经成为经济社会可持续发展的重要制约因素。

随着全球变暖和经济社会的发展，中国极端天气气候灾害发生的特征也出现了一些变化。防洪工程的完善减轻了大江大河的洪涝灾害，但如中小河流洪水、山洪、城市内涝灾害突出，干旱影响范围扩大，台风灾害损失增加，高温热浪和低温冷害的影响程度加重，

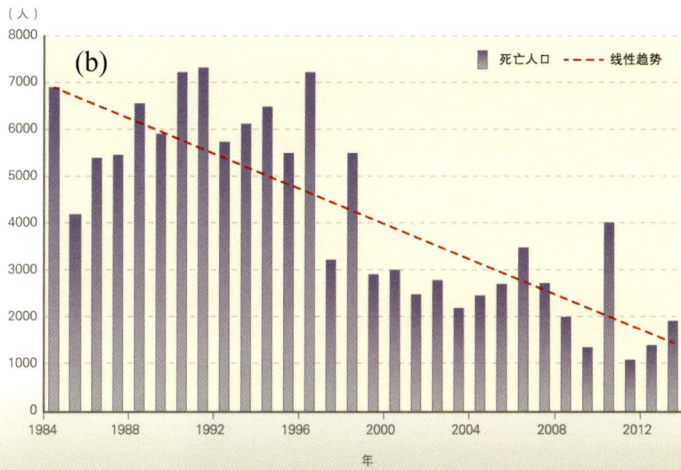

图10 1984~2013 年中国
天气气候灾害直接经济损失
（a）与死亡人口（b）逐年
变化

图11 2001~2013 年中国、
美国和全球天气气候灾害直
接经济损失与同期国内生产
总值比值

(a)

18.3%
台风

10.8%
低温冷害

10.8%
风雹和雷电

22.2%
干旱

37.2%
暴雨洪涝

0.50%
其他

(b)

14.0%
其他

50.2%
台风

11.7%
暴雨洪涝

22.3%
风雹和雷电

2.0%
低温

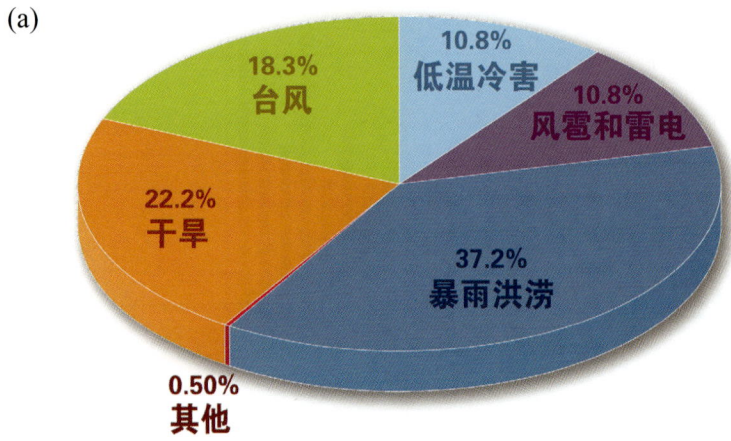

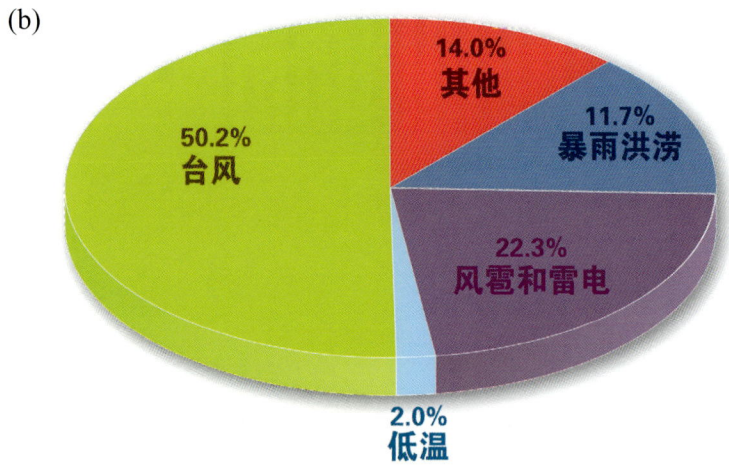

图12 中国天气气候灾害直接经济损失（a）和因灾死亡人口（b）
构成比（其他灾害包括风暴潮、大风和沙尘暴、海洋灾害等）

雾、霾及其导致的大气污染影响日趋严重，沿海风暴潮灾害的风险呈上升趋势等。主要的影响特征如下：

随着气候变暖，中国强降水事件的发生频率和强度发生变化。强降水事件的影响程度增加，且呈现局地性、突发性、短历时和大强度的特点。城市快速发展导致城区的降雨强度增大，强降水事件增多，增加了内涝灾害发生的频率。城市对内涝及其衍生灾害的脆弱性越来越明显。暴雨洪涝灾害造成的死亡人数在减少，但山洪灾害死亡人口占洪涝灾害总死亡人口的比例高，一般达 70%~87%；洪涝灾害直接经济损失与当年 GDP 的比值总体上呈下降趋势。

1961~2013 年，受气候变化影响，中国形成了一条自西南向东北延伸的干旱化趋势带。东北、华北、西南地区 1997~2013 年平均每年出现中等以上干旱的日数较 1961~1996 年分别增加 24%、15% 和 34%。干旱的影响已由农业生产、农村生活为主扩展到工业、生态等领域及城市地区。2000 年以来，中国干旱频发，农业受旱率、成灾率总体趋向严重，灾害损失呈增长态势；农村因旱饮水困难问题突出，并呈现逐步加重的趋势；全国因旱缺水城市明显增加，城市发生严重缺水事件的频次增加；干旱加速了生态环境恶化，大江大河发生因旱严重缺水的情况时有发生，特别是近年中国南方地区发生重大干旱的频次增加趋势明显，发生干旱的范围也在扩大，导致城镇供水出现紧张，同时对工业生产以及江河、湖泊、湿地等生态环境造成严重影响，干旱灾害的影响已经波及经济社会发展的诸多领域。

台风（热带风暴及以上）是影响我国东部地区重要的天气气候事件。随着城市化速度加快、人口增长及社会财富积累，台风影响区脆弱性增加。1949~2013 年西北太平洋共生成台风 1750 个，年均 26.9 个；登陆中国的台风 458 个，年均 7.0 个。2001~2013 年，年均生成台风 23.8 个，登陆中国的台风年均 7.8 个，超强和强台风登陆个数明显增多，登陆台风强度趋强。台风灾害导致的直接经济损失总量呈现缓慢增加趋势，低于同期经济增长速度。台风造成的人员死亡总数明显下降。1980 年以来，台风降水诱发的地质灾害呈现明显增长的趋势，尤其是泥石流、山体滑坡、道路坍塌等造成人员伤亡事故明显增加。

1961~2013 年，高温热浪事件增多。随着城镇化和人口老龄化进程的加快，高温影响更为显著。中国年平均最高气温以 0.25℃/10a 的速率呈现上升趋势。2013 年是继 2007 年、1998 年的第三高值年，日最高气温 ≥ 35℃ 的日数有 11d，为 1961 年以来最多。黄淮西南部、江淮、江汉、江南、华南中北部及重庆、贵州北部和东部、四川东部、新疆东部和南部等地高温日数有 20~40d，江南及新疆的部分地区超过 40d。高温影响范围达国土面积的

43%，是多年平均的 4 倍。高温热浪袭击范围越来越广，频率越来越高，时间越来越长，极端最高气温、高温日数和连续高温日数不断突破历史极值，对经济、财产及人体健康的影响加重。

1961~2013 年，中国低温冷害呈显著减少趋势，平均每 10a 减少约 0.6 次，冰冻日数平均每 10a 减少 0.6d。20 世纪 60~80 年代低温冷害频发，1969 年和 1985 年低温发生频次最高。21 世纪以来，霜冻日数持续下降，但区域性、阶段性低温冷害时有发生。中国东北和黄淮海地区是受低温冷害影响最大的两个区域。近年来，由于气候异常现象增加，加上农业生产结构调整、种植边界北移等多方面因素的影响下，低温冷害对中国农业的影响加重，其中黄淮流域的冷害强度进一步加大，华南、西南以及西北地区的冷害也有一定程度的增强。全球变暖导致的青藏高原大雪和暴雪过程的次数以及雪量增加显著。加之，人类活动加剧了草场退化，使高原承灾体脆弱性增加，雪灾越来越严重。

雾、霾已经成为中国公众关注的一种严重的灾害性天气现象。1961~2013 年，中国雾日和霾日天数总体呈现上升趋势，2013 年达到历史最大值。其中，雾日天数呈现减少趋势，而霾日天数呈现明显增加的趋势。受霾影响最严重的区域为京津冀（北京、天津、河北）、长江三角洲（江苏、浙江、上海）、珠江三角洲（广东）和西南地区（四川）。严重霾天气在一些地区可能造成学校停课、工厂限产、城市陆面交通堵塞、交通事故猛增，飞机大面积延误或取消、旅游业遭受重创。

沙尘暴灾害通过沙埋、风蚀、大风袭击、污染大气等方式给生态环境、工农业生产、航空、运输、公路交通造成严重的损失，也给人民生活带来极大的不便。随着三北防护林、退牧还草等生态保护工程的建设和环境治理投入的加大，以及西北降水量的增加，沙尘暴频率呈现减少的趋势。但华北和西北的干旱半干旱区（尤其是内蒙古中西部地区）强沙尘暴及特强沙尘暴灾害的增加，致使土地退化严重，荒漠化加剧，大风对设施农业和交通运输业的影响在加重。

1949 年以来，包括风暴潮、海浪、海冰、海啸、赤潮、绿潮、海平面变化、海岸侵蚀、海水入侵、土壤盐渍化以及咸潮入侵的海洋灾害风险程度呈上升趋势，在四个海区（渤海、黄海、东海、南海）中东海上升趋势最明显。特别是进入 21 世纪以来，随着全球气候变暖，风暴潮灾害明显加重，影响近海海域生态系统和沿海湿地生态系统，导致生物多样性减少。风暴潮造成的直接经济损失由 1984~2003 年的年均 117.5 亿元上升到 2004~2013 年的年均 151.0 亿元；死亡人数由 1984~2003 年的年均 332 人下降到 2004~2013 年的年均 181 人。

2. 承灾体的暴露度和脆弱性

随着中国人口的增长和经济社会的发展，各灾害承灾体的暴露度不断增加。同时，由于中国是世界气候变化的敏感区和脆弱区之一，地域辽阔，灾害类型多样，自然和经济社会条件复杂且区域差异显著，各类灾害在不同地域造成的影响严重。中国社会老龄化趋势，经济社会的发展，人口流动性的日益增强不断增加了灾害脆弱性。

1984~2013 年，中国暴雨洪涝灾害年平均受灾面积为 9.35 万 km^2，从 1984~1993 年的年均 8.93 万 km^2 上升到 1994~2003 年的年均 10.79 万 km^2，到 2004~2013 年则下降为年均 8.34 万 km^2，表现为微弱的波动下降趋势（图 13）。暴雨洪涝灾害年均人口暴露度、经济暴露度和农作物暴露度分别为 126 人 /km^2、165 万元 /km^2 和 152.7 万 km^2，三者均呈现增长趋势。

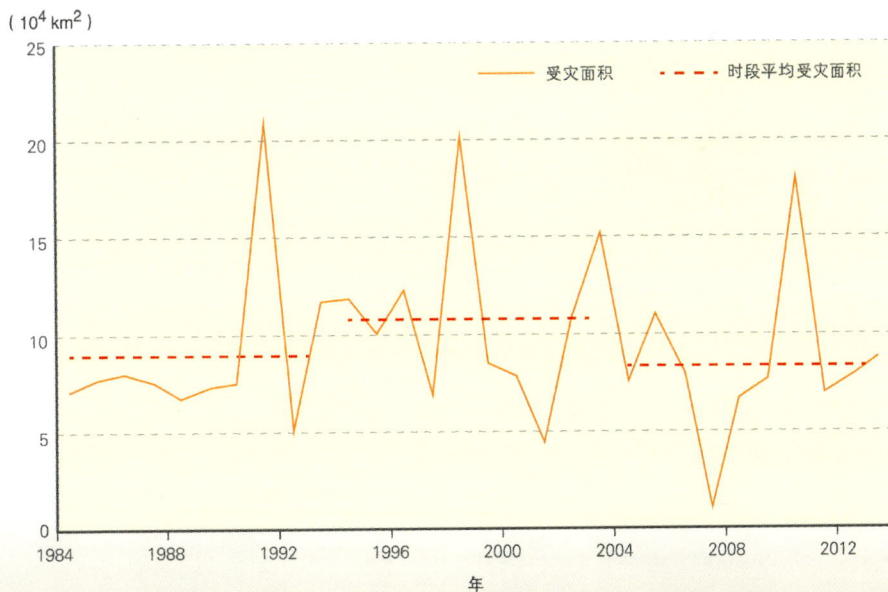

图 13 1984~2013 年中国暴雨洪涝灾害受灾面积的逐年变化

1984~2013 年，中国暴雨洪涝灾害的人口脆弱性（受灾人口／总人口为人口脆弱性指标）表现为人口脆弱性高的区域不断扩大，脆弱性低的区域逐渐缩小；经济脆弱性（直接经济损失与 GDP 的比值）呈现高值区面积先增大后减小，低值区面积出现先减小后增大的趋势，江西、湖南、贵州和广西直接经济损失与当年 GDP 的比值最大（图 14）。

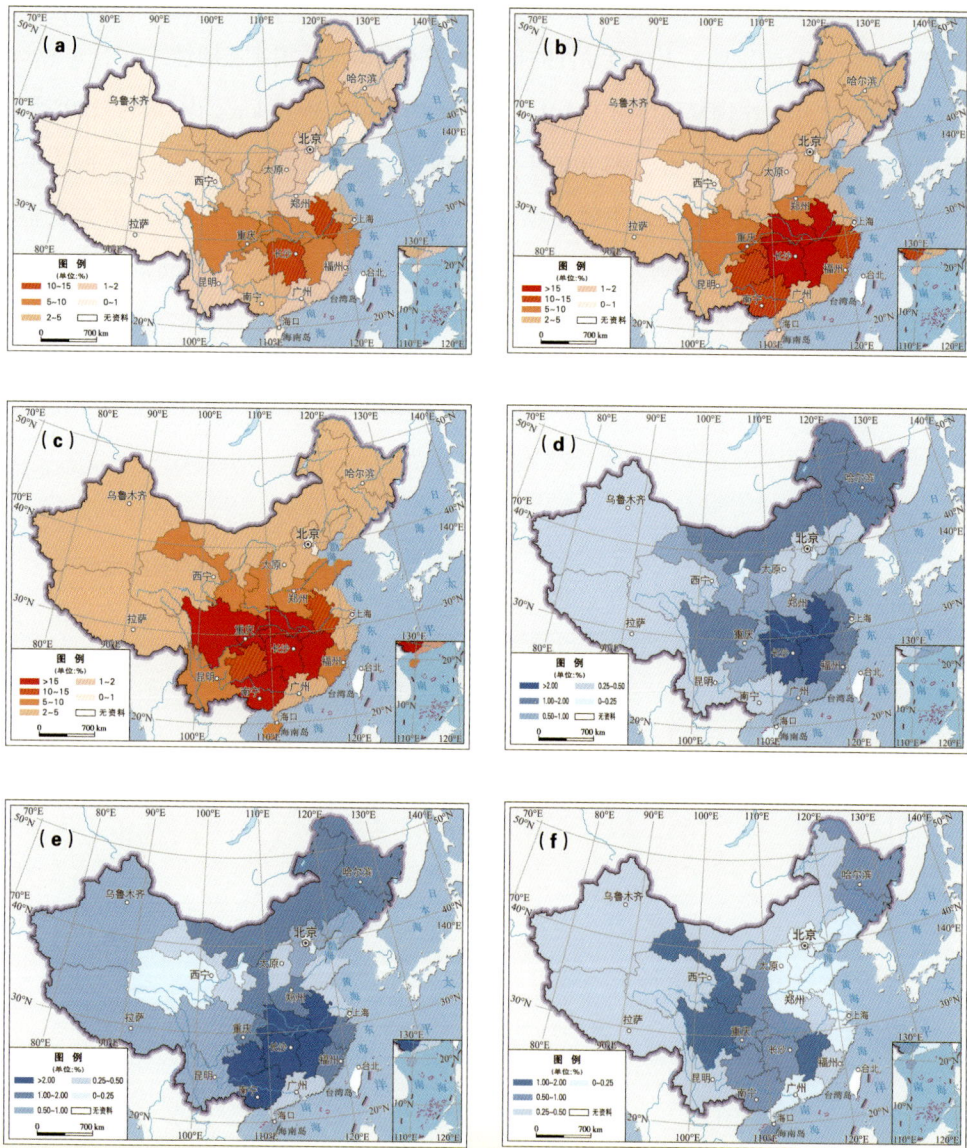

图14　1984~2013 年中国暴雨洪涝灾害人口（a（1984~1993 年）、b（1994~2003 年）、c（2004~2013 年））和经济（d（1984~1993 年）、e（1994~2003 年）、f（2004~2013 年））的脆弱性变化

西北、华北、东北和内蒙古是中国干旱灾害最主要的影响区。1949~1979 年，中国发生重旱以上干旱的省区有 17 个，1980 年以来，发生重旱以上干旱的范围迅速扩大，至今已经扩大到中国南方和东部湿润半湿润地区，如 2009~2013 年云南、贵州、四川三省遭受了连续 5 年严重干旱。1949~2013 年，中国农作物平均每年受旱面积达 20.9 万 km²，占耕地总面积 1/6 左右。

1984~2013 年，中国因干旱造成的直接经济损失年均 321.8 亿元（按 2013 年的物价水平，直接经济损失达年均 416.1 亿元），从 1984~1993 年的年均 45.8 亿元增加到 1994~2003 年的年均 282.8 亿元和 2004~2013 年的年均 636.7 亿元。受灾人口占总人口的比重由 1984~1993 年的年均 2.0% 增加到 1994~2003 年的年均 3.8% 和 2004~2013 年的年均 10.1%。采用每年干旱成灾面积（因灾减产 3 成以上的农作物播种面积）与受灾面积（因灾减产 1 成以上的农作物播种面积）的比值来衡量区域脆弱性，1984~2003 年年均 49.6%，呈增大趋势，2004~2013 年年均 51%，呈减弱趋势（图 15）。相对于内陆地区，沿海地区干旱脆弱性增加明显。

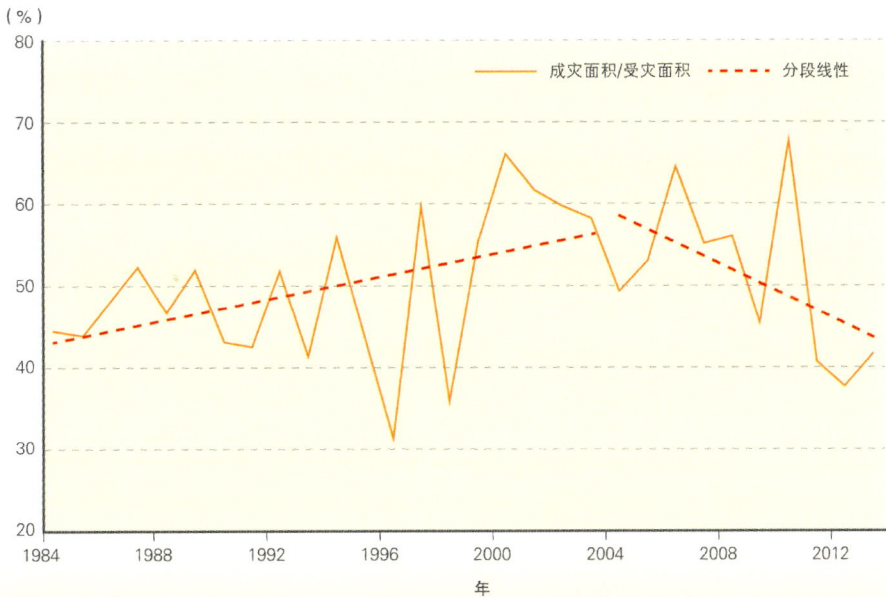

图15 1984~2013 年中国干旱成灾面积与受灾面积比值的逐年变化

1984~2013年受台风影响的省（自治区、直辖市）达22个（未计台湾省），其中，广东、福建、浙江和海南等沿海地带为最主要的台风灾害影响区，每年台风在上述五省的登陆频次约占台风登陆总频次的90%。1984~2013年，中国大陆平均每年受台风灾害影响的面积约为1.56万km²，影响居民收入由1984年的1.6万亿元增加到2012年的18万亿元（图16）。

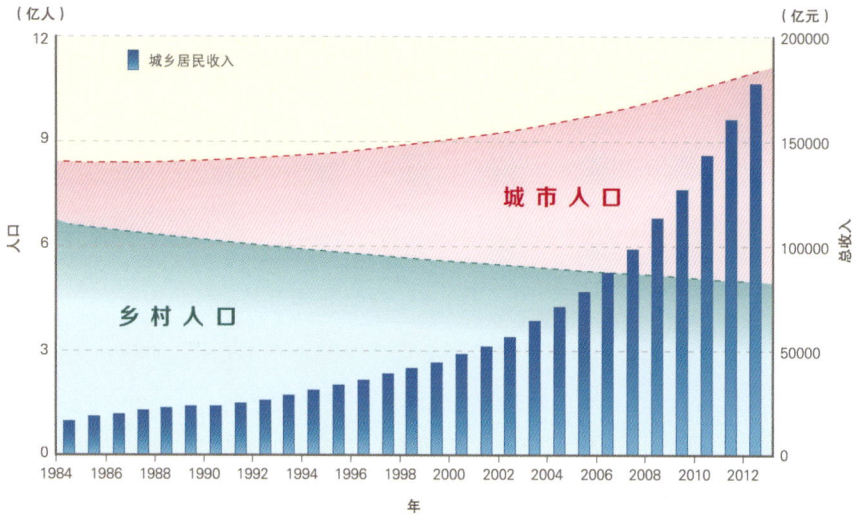

图16 受台风灾害影响省（自治区、直辖市）的总人口和城乡居民总收入变化

1980~2004年，因台风倒损房屋和受淹的农田面积的增长率分别为年均1.33万间和22.8km²。受台风灾害影响的人口比重由1984~1993年的年均1.0%，增加到2004~2013年的3.0%。基于中国2013年的社会经济数据，以人口密度、人均GDP、地均GDP比重等为脆弱性指标，对中国沿海地区台风灾害的脆弱性进行评估。中国沿海地区各省市承灾体脆弱性空间分布不均匀，高脆弱区主要分布在江苏省、山东省的大部分地区和广东省、福建省、浙江省、河北省的沿海区域，低脆弱区主要分布在海南省、广西省、辽宁省的大部分地区及广东省、福建省、浙江省、河北省的内陆地区。

江淮、江南大部及四川盆地东部是中国高温热浪灾害最主要的影响区，在全球变暖的大背景下，中国高温热浪袭击范围越来越广，频率越来越高，时间越来越长。从人口暴露度来看，北京、上海、广州是人口暴露度最高的区域，暴露人口由1984年的2668.5万人增加到2012年的5866.2万人；从经济影响度来看，沿海较发达城市、内陆省市级行政中心附近则是高暴露区。

根据构建的高温日数—用电增加率脆弱性函数、高温日数—用水增加率脆弱性函数和高温日数—门急诊发病率脆弱性函数，分别对华东地区高温热浪灾害脆弱性进行了研究。华东地区北部山东省、安徽省北部地区、江苏省大部和上海市的脆弱性明显高于南部的浙江省、福建省和江西省。随着高温热浪重现期的增加，华东地区脆弱性逐渐增大，脆弱性高的面积逐渐增加。南部地区的脆弱性变化较小，仅仅在江西省和福建省境内零散分布着一些中度脆弱地带。

中国的低温冷害主要出现在新疆、西北东部、内蒙古东部、东北、华北、淮河流域及江南一带，年均冰冻日数一般有1~5d，5d以上的重冰区主要分布在新疆北部、陕西南部、东北中部、华北东部、秦岭、云南东北部、贵州等地。低温冷害在中国南北方地区均会出现，一般北方比南方更容易发生。霜冻的影响范围广，以青藏高原、东北及新疆东北部、内蒙古出现霜冻日数最多，全年180d以上，其中青海南部、西藏部分地区多达250~300d；但华南沿海及海南和台湾几乎无霜冻出现。

低温冷害的脆弱性采用每年低温冷害的受灾人口与总人口的比值、成灾面积与受灾面积的比值衡量，总体呈增大趋势。低温冷害受灾人口比重由1984~1993年的0.3%增加到2004~2013年的3.6%，直接经济损失由1984~2003年的年均38.1亿元增加到2004~2013年的年均336.8亿元。随着气候变暖，中国北方地区低温冷害的强度减弱，抵御灾害的能力增强；南方地区面对低温冷害的基础条件较差，脆弱性较大，抵御低温冷害的能力亟待增强。

中国东部沿海由南到北依次包括海南、广西、广东、福建、浙江、上海、江苏、山东、河北、天津和辽宁共11个省（自治区、直辖市），均暴露在风暴潮灾害的影响范围内，其中人口暴露度以广东省最高（2013年为10644万人）、山东省第二（2013年为9733万人）；人口暴露度最低的省份为海南省，2013年影响人口为895万人。从经济暴露度来看，广东、浙江、福建、上海四省市最高。综合人口和经济暴露度来看，珠江三角洲、长江三角洲和长江以北的江苏北部沿海地区、莱州湾及黄河三角洲和渤海湾与辽东湾地区是中国沿海三大主要台风风暴潮暴露区。农田、水域与建设用地是暴露于风暴潮灾害下的最主要的3种土地利用类型。

风暴潮灾害造成的经济损失由20世纪50年代的平均几亿元明显上升至20世纪80年代的几十亿元，21世纪以来，每年的平均直接损失超过100亿元。这种变化除风暴潮本身的变化外，还有经济社会发展导致的暴露度增加和物价上升等因素，根据风暴潮灾害最终影响的受灾人口、死亡人数（含失踪）、农田受灾面积、海洋水产养殖受灾面积、损毁房屋、损毁堤防等海洋工程长度、损毁船只以及直接经济损失等8个指标，沿海11个省市1990~2009年的风暴潮脆弱性存在明显的年际变化，且1990~2000年的变化大于2001~2009年。风暴潮灾害高与很高脆弱性等级主要在长江口以南的东南沿海地区，特别是广东、浙江与福建三省，低与很低脆弱性等级主要分布在长江口以北的沿海省市。

东南沿海、四川盆地、湘黔交界、山东沿海以及云南南部等地区是中国雾的主要影响区，100° E以东，40° N以南的中国中东部地区则是霾的主要影响区，主要是京津冀（北京、天津、河北）、长江三角洲（江苏、浙江、上海）、珠江三角洲（广东）和西南地区（四川）。中国年霾日天数分布呈现东多西少特征，西部大部地区基本在5d以下，东北和内蒙古中东部地区霾日天数也较少，华北、长江中下游、华南等地霾日天数一般有5~30d，其中广东中部、广西东北部、江西北部、浙江北部、江苏南部、河南中部、山西南部、河北中部等地超过30d。

随着城市的发展，城市排放作用所产生的大气污染物在城市及周边地区的聚集，加剧霾的生成。城市霾强度的逐渐加大对城市居民生活质量、身体健康和安全均带来较大影响，尤其对城市交通及居民出行造成不利，甚至导致人员伤亡事故。儿童、老年人、已患病人群具有较弱的免疫力和较差的适应能力，因而这些人群对霾灾害具有较高的脆弱性。

在水资源、粮食、生态、健康、能源、交通、基础设施等不同领域，对天气气候灾害的暴露度也发生了显著的变化。20世纪，中国大江大河发生多次暴雨洪涝灾害，大江大河中下游平原与沿海低洼地区是受洪水威胁的主要区域，其面积占国土面积的8%，而影响人口占全国人口的40%，耕地占全国耕地的35%。1998年长江流域和松花江流域发生流域性大洪水之后，国家加大了流域性治水的投入，大江大河的防洪工程体系已经基本建成，可以有效保证大江大河与重点防洪城市的防洪安全。2001~2013年，中国暴雨洪涝灾害年均造成1312人死亡，主要是由中小河流洪水、暴雨诱发的山洪地质灾害和城市内涝造成的。中小河流覆盖国土面积的85%，防洪标准普遍偏低，约有2/3的中小河流达不到规定的防洪标准，70%的中小河流经常发生洪涝灾害以及山洪、泥石流等山地地质灾害，伤亡人数占全国暴雨洪涝伤亡总人数的2/3以上。

对粮食生产影响最大的灾害主要有干旱、洪涝、低温灾害（冷害、冻害与霜冻）、风雹等。干旱是影响中国粮食生产最严重的灾害，占农业灾害的53%，洪涝灾害位列第二，占28%，而大风和冰雹、冷冻、台风的频发率分别为8%、7%和4%。粮食生产的暴露度不断增加，中国粮食生产遭受灾害影响的面积顺序为：干旱 > 洪涝 > 低温 > 大风和冰雹灾害，其中粮食生产对干旱、洪涝和低温灾害的暴露度呈增加趋势，而对大风和冰雹灾害的暴露度没有明显变化。随着农村青壮年进城务工，农业防灾减灾社会动员力低，粮食生产的脆弱性呈现增加趋势，相关的抗灾措施只能在小范围内缓解气候变化带来的危害。

对生态系统，气候变暖使得大兴安岭的兴安落叶松、小兴安岭及东部山地的云杉、冷杉和红杉等树种的可能分布范围和最适分布范围均发生北移；20世纪60年代以来的气候暖干化导致江河源区的草甸退化，由高寒沼泽化草甸草场演变为高寒草原和草甸化草场。气候变化不仅影响生态系统的暴露度，而且还将影响动物分布及其栖息地的暴露度。

人类健康方面，暴雨洪涝除导致意外死亡、财产损失之外，还可能引发疫病流行。随着人口向城镇集中，以及人口老龄化程度加重，洪涝对人类健康的影响也在发生变化。大江大河中下游平原防洪工程体系的达标建设，改变了历史上大范围、长时间江河洪水泛滥的状况，加之灾后卫生部门的防疫工作，有效减少了人类健康的暴露度。不过，快速城镇化进程中，排水系统建设标准偏低、建设滞后，造成众多城市内涝频发，尤其是低洼易涝的棚户区，外来弱势群体人口密度大，可能加剧人类健康的暴露度。随着人口老龄化加剧，人类健康对干旱的暴露度将增加，消化道、呼吸道、皮肤、妇科以及心理等疾病的患病率增加，高温热浪事件对人类健康的影响在中国部分地区也已得到证实，在北京、上海、天津、南京、广州、珠海、长沙、昆明、苏州等开展的研究发现，高温是夏季呼吸系统疾病和心脑血管疾病死亡增加的重要影响因素。温度的升高还可能造成媒介生物传染病的防控压力。而低温寒潮天气对人类健康的影响包括直接导致损失及疾病发生和间接作用而诱发疾病及死亡发生。由于20世纪50年代以来，沙尘暴发生频率总体上呈振荡性减少趋势，并且主要发生于西北人口较少的地区。因此，人类健康对沙尘暴的暴露度呈减少趋势。中国每年霾日数整体上呈现明显增多趋势，并主要发生于中东部人口密集的地区，这使得人类健康对雾、霾的暴露度将不断增加。

能源从生产、传输到消费的各个环节都不同程度直接或间接地受到极端天气气候事件的威胁。随着经济社会的发展，能源需求的加大，能源生产规模及传输覆盖面扩大，消费迅速增加，能源生产、传输相关的基础设施等主要脆弱承灾体暴露度也呈现日益增加趋势。极端天气气候事件还影响社会对能源的需求，社会承灾体范围扩大。如高温干旱、持续雨雪冰冻天气，增加了人们生活对降温、采暖的耗能需求。

与发达国家相比，受地形、地质、气候和经济条件等因素影响，中国交通基础设施的"暴露度"较高，每年极端天气气候事件给中国交通行业造成了大量的交通事故、人员伤亡和财产损失，如，强降水事件引发的洪水、泥石流和滑坡坍塌等次生灾害对中国铁路、公路交通影响就很大。大雾、暴雪也会造成机场和高速公路关闭，甚至引发交通瘫痪。雷暴天气会对高速铁路和机场带来极大的安全隐患，造成高速铁路供电线路中断和机场关闭。暴雨洪涝对交通设施危害的主要形式有冲垮桥梁、冲毁路基、淹没钢轨（或路面）、水漫路基等，强降水引发的泥石流灾害在陇海铁路、成昆铁路和宝成铁路等线路的暴露度较高，多分布在6~8月，其中以8月份为最高。强降水引发的滑坡崩塌灾害暴露度在西南地区的宝成线、襄渝线和成昆线，西北地区的陇海线西段和兰新线较高，灾害数量占全国总数的8%左右；华中山区的襄渝、焦柳、太焦和侯月铁路线路暴露度也较高；在月份分布上，滑坡崩塌暴露度在5~8月较高，其中7月份最高，75%的暴露度集中在夏季。中国电气化铁路（含高速铁路）和机场运营的雷电灾害暴露度较高。西北地区，春季铁路的大风灾害暴露度也较高。

气候变化导致的极端天气气候事件可能会影响到有关重大基础设施工程，如三峡工程、南水北调、青藏铁路等的正常建设与稳定运行。长江三峡工程的上游流域发生极端天气气候事件的概率骤增，引起的泥石流、滑坡等地质灾害可能会对工程形成冲击，使库区调度运用和蓄水发电等运行安全暴露于危险之中。此外，由极端天气气候事件频发带来的径流均值变化导致的高蓄水水位可能会超出工程设计库容，增加库区运行危险。受气候变化影响，南水北调工程东线调水区受水质污染的风险增加。通过环境治理，东线工程输水水质已经达标。中线工程受降水丰枯变化不确定及差异性的影响，水源区与受水区降水丰枯频率同步趋势增加；同时也受温度变率引起的北方输水管线冰胀影响，威胁水资源调度的安全运行。青藏铁路作为中国寒区工程的标志性工程之一，青藏高原极不稳定的冻土环境以及极其脆弱单一的生态环境使工程暴露在较大的危险性之中。气候变暖将引起多年冻土热状态和空间分布的变化，1980~2005年，青藏线冻土平均下引式退化速率为年均6~25cm，年平均上引式退化速率在12~30cm。三北防护林位于中国西北、华北和东北地区，地处中高纬度，易受气候变化影响，工程暴露于极端降水、干旱等极端天气气候事件下的风险较大。

在地域分布上，中国天气气候灾害所造成的人员伤亡和经济损失大部分来自农村地区。每年因灾造成的人员伤亡80%以上在农村，中小河流洪水、山洪、滑坡、泥石流、台风、雷电等突发灾害造成的人员伤亡90%以上在农村。1984~2013年，天气气候灾害造成农村年均直接经济损失为1123.3亿元，且呈上升趋势。受灾人口明显增加，多集中在易发山洪、滑坡、泥石流和城市内涝等地区，由1984~2003年的年均9832.9万人增加到2004~2013年的年均21038.9万人；受灾面积略有下降，由1984~2003年的年均19.9万km²减少到2004~2013年的年均17.3万km²。相对于城镇地区来说，广大农村地区易遭受极端天气气候事件影响，2004~2013年因天气气候灾害造成的年均死亡人口为1243人。由于缺少防灾减灾的保护措施，人口和基础设施等具有更高的脆弱性。

城市的脆弱性体现在城市的人口、基础设施（建筑、交通、生命线工程、能源、防灾设施等）等对天气气候灾害的敏感程度及其应对能力。1984~2013年，天气气候灾害造成城市年均直接经济损失为764.3亿元，且呈上升趋势。受灾人口和受灾面积明显增加，分别由1984~2003年的年均4447万人和8.48万km²增加到2004~2013年的年均18653万人和15.18万km²。由于城市规模的扩大，人口与资源的矛盾加剧，城市灾害将日益严重。2004~2013年的城市天气气候灾害造成的年均死亡人口为1072人。城市现代化程度越高，灾害导致的直接和间接影响越严重，影响的时间也就越长，灾后重建和恢复的难度加大，这或许可能加剧人类健康的脆弱性。中国城市发展速度远远超过了城市适应气候环境的速度，城市新型灾害的潜在危害将会更加巨大，城市承灾能力变得越来越脆弱，城市生态安全将承受巨大压力。北方地区城市面临更严重的沙尘暴威胁，随着城市化进程加快，雾、霾造成损失更加严重。

中国沿海地区是经济发达城市的密集区，同时也是海洋灾害的脆弱区。根据海平面上升影响范围内的人口密度、经济发展水平和自然生态状况，上海市、天津市和广东省海岸带地区海平面上升影响的脆弱度最高，其次为江苏省、浙江省、山东省、河北省、福建省和辽宁省海岸带地区。同时，根据地区防御能力和财政投入水平，上海市、广东省、浙江省和天津市应对海平面上升影响的防灾减灾能力指数又较高，山东省、福建省、辽宁省、江苏省和河北省次之。海平面上升加剧了中国沿海海岸带地区风暴潮、海岸侵蚀、咸潮入侵和土壤盐渍化等其他海洋灾害。

气候变化带来的风险不仅与极端天气气候事件的强度和频率有关，还与承灾体的暴露度和脆弱性密切有关。各种灾害影响数据的收集是制约暴露度和脆弱性定量评价的瓶颈。国内尚没有暴露度和脆弱性方面的社会经济数据，如社会经济状况及其时空分布、人口年龄结构、劳动参与率、对气候变化影响的适应能力、社会价值观以及解决矛盾的机制和体制、防灾减灾技术及信息传播途径等。极端天气气候事件对不同领域和区域影响和脆弱性评价进展研究进度不一。水资源、粮食生产和生态系统等领域研究成果较多，但在能源、交通、人类健康等领域相对不足；暴雨洪涝、干旱、台风等极端天气气候事件的影响评价成果较多，尚缺少高温热浪、沙尘暴、雾霾、海洋灾害等事件的影响评价成果，尤其是针对主体功能区的极端天气气候事件影响和脆弱性研究匮乏。极端天气气候事件影响阈值不仅与致灾因子的强度和频率有关，也和承灾体的暴露度和脆弱性息息相关，加之影响阈值是动态变化的，使得致灾影响阈值的确定具有挑战性。

科学认识极端气候的影响和潜在灾害，是极端气候本身以及人类和自然系统的暴露度和脆弱性共同作用的结果，极端天气气候事件及其影响的信度取决于资料的数量、质量和方法，而这些因区域和领域的不同而存在差异。因此，需要了解和确定暴露度和脆弱性的多面性，加强经济、社会、人口、地理、环境等要素的监测与文化、体制、管理等要素的评估。由于气候变化的复杂性、不确定性和长期性，需开展长期的监测、评价、研究，以推进极端气候背景下的适应性管理。应加强面向用户的灾害风险图制作技术研究，进行灾害风险评估，确定动态致灾影响阈值的技术方法，建立不同时空尺度的致灾影响阈值数据库，为基于风险的早期预警系统提供科技支撑。

3. 典型案例

1998年中国长江、松花江、珠江和闽江等主要江河水系发生了历史性特大洪涝灾害。长江洪水仅次于1954年，为20世纪第二高位的全流域性大洪水，松花江洪水则为20世纪本流域的第一高水位大洪水。该次洪水波及全国29个省（自治区、直辖市），发生强度大、影响范围广、持续时间长，洪涝灾害损失严重。农田受灾面积共计22.3万km²，成灾面积13.8万km²，死亡4150人，房屋倒塌685万间，直接经济损失2551亿元。尤其是江西、湖南、湖北、黑龙江、内蒙古和吉林等省（自治区）受灾最重。

2000年中国长江以北大部地区降水持续偏少，发生了大范围的春旱或春夏连旱，部分地区旱情相当严重。这次干旱对农业生产的危害最为严重，全国干旱受灾面积和成灾面积均为1949年来最大。春夏连旱还造成华北、西北东部、东北及汉水流域等地不少中小河流断流，对航运影响很大。据统计，天津、河北、山西、内蒙古、辽宁、吉林、黑龙江、山东、陕西、甘肃、青海、宁夏等12个省市区县级以上城市日缺水量超过635万m³，影响人口超过1500万人，有100多个县级以上城市被迫采取了定时限量供水等各种强制性节水措施。松花江佳木斯至哈尔滨区域河段全线停航。

2006年，超强台风"桑美"于8月5日晚在关岛东南方的西北太平洋洋面生成，10日17时25分，在浙江省苍南县马站镇沿海登陆，登陆时中心附近最大风力达17级（60m/s），中心气压为920hPa，中心气压低、风速大、降水集中、发展迅速、移动快、影响时间短（集中），破坏性极大。据浙江、福建、江西、湖北等省不完全统计，共有665.55万人受灾，因灾死亡483人（其中福建276人，浙江204人），紧急转移安置180.16万人，农作物受灾面积2899km²，绝收面积362km²，倒塌房屋13.72万间，损坏房屋52.28万间，直接经济损失达196.58亿元。尤其给浙江省苍南县（属温州市）和福建省福鼎市（属宁德市）的部分地区带来了毁灭性破坏。

2014年，超强台风"威马逊"于7月9日在楚克东部的西北太平洋海面上生成，7月18日15时30分，"威马逊"前后在海南省文昌市翁田镇沿海登陆，登陆时中心附近最大风力有17级（60m/s）。后来又于19时30分在广东省徐闻县龙塘镇沿海登陆，再后来又于7月19日7时10分在防城港市光坡镇登陆。"威马逊"前两次登陆时达到超强台风级别，是1973年以来登陆华南的最强台风，也是新中国成立以来登陆广东、广西的最强台风。受"威马逊"影响，广东、广西、海南和云南4省（自治区）超过1100万人

四、天气气候灾害风险管理实践与策略选择

　　中国政府历来高度重视极端天气气候事件和灾害风险管理，从国家、区域和地方多个层面推进天气气候灾害风险管理工作，构建了灾害风险管理的体制机制，制定修订了一批法律法规、标准规范和应急预案，在水资源安全、粮食安全、生态安全、健康安全、能源安全、交通安全等受极端天气气候事件影响较大的经济社会重点领域实施了灾害风险管理的一系列措施，并取得显著成效。面对未来极端天气气候事件变化趋势和灾害风险，中国政府将气候安全作为国家安全体系和经济社会可持续发展战略的重要组成部分，生态文明建设和实现中国梦的基本保障，以及推进国家治理体系和治理能力现代化的重要内容。

1. 国家、区域和地方层面的天气气候灾害风险管理实践

　　为加强极端天气气候事件和灾害风险管理，中国政府在国家、区域和地方层面都采取了强有力的天气气候灾害风险管理措施。在国家层面，重视极端天气气候事件和灾害风险的国家管理体系建设，不断完善相关管理体制机制，制定修订了一批法律法规、标准规范和应急预案，以适应新形势下极端天气气候事件和灾害风险的特点和变化规律。首先，中央政府设立了国家应对气候变化与节能减排领导小组、国家减灾委员会、国家防汛抗旱总指挥部、国家森林防火指挥部等机构，负责极端天气气候事件和灾害风险管理的统筹协调工作，建立了"统一领导、综合协调、分类管理、分级负责、属地管理为主"的防灾减灾与应急管理体制。其次，为加强极端天气气候事件和灾害风险管理部门间的沟通协调，中国逐步形成了较为完善的应对极端天气气候事件和灾害风险管理的工作机制，主要包括灾情预警会商和信息共享机制、灾害应急响应机制、社会动员和参与机制、救灾物资储备机制、决策指挥机制和责任追究机制等。第三，中国应对极端天气气候事件和灾害风险管理的法律体系日臻完善，"十一五"以来，制定或修订了《突发事件应对法》《环境保护法》《可再生能源法》《水土保持法》《防洪法》等相关法律，2007 年国务院颁布了《中国应对气候变化国家方案》，对减缓和适应气候变化的政策进行了系统阐述，国务院还公布和实施了《自然灾害救助条例》

《防汛条例》《抗旱条例》《水文条例》等相关行政法规，印发了《国务院办公厅关于加强气象灾害监测预警及信息发布工作的意见》《国务院办公厅转发水利部等部门关于加强蓄滞洪区建设与管理若干意见的通知》等规范性文件，多层次的法律体系初步形成。第四，逐步制定和完善了天气气候灾害及相关自然灾害的应急预案，形成了国家总体应急预案、国家专项应急预案、国务院部门应急预案、地方应急预案、企事业单位应急预案为主体的预案体系，切实减轻了极端天气气候事件和灾害对公众生命安全和经济社会发展的影响。

国家和区域层面的灾害风险管理区划研究从科学的角度阐明其区域分异规律，国家和区域层面的综合灾害风险防范政策与规划明确阶段性目标和重点工作，指导综合防灾减灾的实践。中国灾害风险区划研究表明（图17），70%以上的城市、50%以上的人口处于气象、地震、地质和海洋等自然多发地区，全国风险等级呈现出东部高于中部、中部高于西部的格

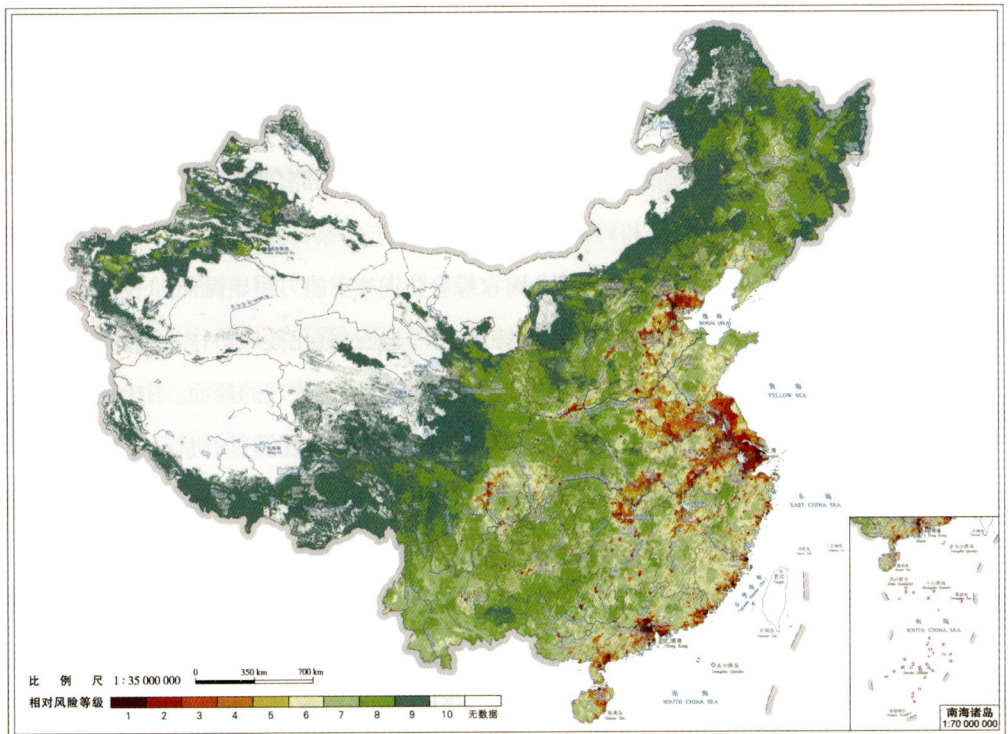

图17　中国综合自然灾害相对风险等级（无台湾省数据）

联合国外空委等机构建立紧密型合作伙伴关系，积极参与联合国框架下的减灾合作。同时，中国还与亚洲和其他洲国家建立了相关减灾对话与交流平台，并将防灾减灾提升到国家战略层面。在应急救灾中，通过派遣专业救援队、捐赠救灾急需物资等方式，帮助受灾国家开展救灾活动。中国大力开展气候变化"南南合作"，2011年以来累计安排了2.7亿元人民币帮助发展中国家提高应对气候变化的能力，培训了近2000名来自发展中国家的气候变化官员和技术人员。2014年9月23日，张高丽副总理在联合国气候峰会上表示，中国将大力推进气候变化"南南合作"，从明年开始在现有基础上把每年的资金翻一番，建立气候变化"南南合作"基金。

中国在应对天气气候灾害的实践中不断总结经验教训，提升灾害风险管理能力。在2006年重庆特大旱灾中，恢复重建的重心是灾区群众生活与生产秩序的恢复与重建，其中的核心问题是依赖农业生产的家庭的生计重建，重庆市政府对农户的救助以及农户的生产自救对旱灾中后期的有效恢复发挥了重要作用。在2008年南方低温雨雪冰冻灾害中，国务院成立了煤电油运和抗险救灾应急指挥中心，统筹协调巨灾的应对工作，办公室设在国家发展和改革委员会，有党政军29个单位参与，探索了巨灾下建立中央层级的跨部门、跨区域综合协调机制的路径和经验。灾后，针对此次灾害暴露出的"条块分割"问题，进一步完善了灾害应对的体制机制，切实提高了巨灾预测预警能力，重点加强了应急保障能力建设。在2010年应对"凡亚比"热带风暴的过程中，积累的灾害风险管理经验主要是：准确的预测预警是做好防御工作的前提，及时启动应急响应是做好防御工作的关键，领导靠前指挥是做好防御工作的组织保障。在应对2012年北京"7·21"暴雨灾害的过程中，总体上做到了灾害监测预警预报及时有效，组织指挥与救援救助措施得力，应急抢险与善后工作紧张有序。但灾害造成的重大损失暴露出城市发展规划亟待全面科学论证、综合防灾减灾体系有待完善、防灾减灾知识与技能的普及程度有待提高、特大暴雨洪涝风险防范与监测预警系统有待进一步完善。

国家减灾委、民政部以提升城乡社区综合减灾能力建设为重点，在全国范围内大力推进社区综合减灾工作，截至2013年12月底，国家减灾委、民政部已命名全国综合减灾示范社区4116个。在综合减灾示范社区创建过程中，中国城乡基层综合减灾能力不断提升，全民防灾减灾意识不断增强，防灾减灾社会氛围逐步形成。但是，这项基础性工作还有待不断推进。

3. 天气气候灾害风险管理实践的成效和不足

中国的天气气候灾害风险管理实践已经取得巨大成效：通过建设极端天气气候事件监测预警体系，应对极端天气气候事件和灾害的预警预报能力、信息发布水平逐步增强；防灾减灾信息的会商、上报、共享、发布等制度机制建立，采集、分析、交换、共享和服务等标准规范制定，以及共享信息库、行业业务系统的建设，使得中国具备了有效预防和应对各类灾害的能力；通过实施综合防灾减灾战略，从国家、区域和城乡基层尺度，在防灾抗灾能力建设、备灾能力建设、减灾能力建设和救灾救助能力建设方面实施了一系列应对极端天气气候事件和灾害风险管理的有效措施；通过把防灾减灾教育纳入国民教育体系、强化防灾减灾文化场所建设、推进全国综合减灾示范社区和安全社区建设、设立全国"防灾减灾日"等重大主题宣传日（周、月）的措施，提高公众应对极端天气气候事件的风险意识，形成全社会防灾减灾氛围。

应对极端天气气候事件和灾害风险的双边和多边国际合作已经相当普遍和深入。合作领域覆盖了包括科学技术、公众教育、防灾减灾的公共管理培训、防灾产业标准、金融保险、救灾捐献等各个方面。中国在应对极端天气气候事件方面与国际社会在自然灾害监测预警、信息共享、紧急救援、科学研究、技术应用、人员培训、社区减灾等领域建立了形式多样的合作机制。中国在天气气候灾害风险管理方面依然存在一些薄弱环节：一是对应对极端天气气候事件和灾害风险管理的意识有待提高、研究工作有待加强，对于新风险和巨灾风险的关注依然不足、管理亟待提高；二是管理体系不完善，部门职能分散重叠，协同合作有待加强；三是应对气候变化的资金保障机制亟待完善；四是全民防灾减灾教育不足，公众参与意识和能力有待提高。总之，中国应对极端天气气候事件和灾害风险管理能力建设仍面临诸多挑战。中国将按照预防为主，预防与应急相结合的方针，不断加大应对气候变化的投入和科学研究，不断加强综合防灾减救灾体制、机制和法制建设，不断加强全社会防灾减灾教育和科普工作，切实提高中国应对极端天气气候事件和灾害风险管理能力，切实提高综合防灾减灾救灾能力，并积极参加国际减灾活动，履行国际义务。

4. 未来极端天气气候事件变化趋势和灾害风险

根据低排放（RCP2.6）、中等排放（RCP4.5）和高排放（RCP8.5）情景，采用多模式集合方法，预估21世纪中国的高温和强降水事件呈增多趋势。中国暖事件增加，冷事件减少，高温日数增加，日最高气温最高值和日最低气温最低值均升高，高排放情景下的变幅更大。在RCP2.6、RCP4.5和RCP8.5情景下，与1986~2005年相比，到21世纪中叶，日最高气温最高值分别升高1.3℃、1.5℃和2.0℃，日最低气温最低值分别升高1.5℃、1.7℃和2.2℃；到21世纪末，日最高气温最高值分别升高1.5℃、2.7℃和5.5℃，日最低气温最低值分别升高1.6℃、2.9℃和5.8℃。21世纪中期南方地区高温日数在中等排放情景下增加约30d，21世纪末期增幅更为显著。强降水事件频数增加，强度增强，强降水量占年降水量比重增大。全国范围内中雨、大雨和暴雨事件很可能增多，小雨频次在长江以北地区增加，以南地区减少，而毛毛雨频次在全国范围内都明显减少。与1986~2005年相比，到21世纪中叶，中国湿日总降水量指数（PRCPTOT）在RCP2.6、RCP4.5和RCP8.5情景下分别增加4%左右，最大5d降水指数（RX5day）分别约增加5%、7%和7%，暴雨频次在RCP4.5和RCP8.5情景下分别增加约33%和39%，强度分别增加约25%和33%；到21世纪末，PRCPTOT在RCP2.6、RCP4.5和RCP8.5情景下分别增加5%、8%和14%，RX5day分别增加6%、11%和21%，暴雨频次在RCP4.5和RCP8.5情景下分别约增加58%和136%，强度分别增强约45%和99%。

预估到21世纪末中国高温、洪涝和干旱灾害风险加大。温室气体排放情景越高，高温、洪涝和干旱灾害风险越大。与1986~2005年相比，RCP8.5情景下中国高温致灾危险性在21世纪近期（2016~2035年）、中期（2046~2065年）和后期（2080~2099年）逐渐增大，IV级及以上高温灾害风险等级范围扩大，高温灾害风险趋于加大。RCP2.6和RCP4.5情景下，高温高风险区域与RCP8.5类似，仍位于我国东部地区。RCP8.5情景下未来各时段洪涝灾害风险较高的地区主要位于中国中东部地区，21世纪后期IV级风险地区比1986~2005年有所减少，但V级风险范围略有增加。东南沿海地区、东北地区的各大省会城市以及陕西和山西的部分地区也是洪涝灾害的高风险区。RCP2.6和RCP4.5情景下，发生洪涝风险的区域与RCP8.5相似，只是风险等级在部分大城市略有降低。RCP8.5情景下，华北、华东、东北中部和西南地区干旱灾害风险较大，到21

世纪中后期，旱灾高风险范围显著增大。RCP2.6 和 RCP4.5 情景下，干旱灾害风险发生的区域与 RCP8.5 基本一致，但 RCP2.6 情景下 2016~2035 年我国东部地区发生干旱的风险等级高于 RCP4.5 和 RCP8.5（图 19）。

预估 21 世纪人口增加和财富积聚对天气气候灾害风险有叠加和放大效应。预计 2030 年中国总人口将达到 14.53 亿左右，65 岁及以上人口约 2.31 亿，城镇化率约 68%。经济社会发展、人口增长及结构变化、城镇化水平提高，与未来高温、洪涝和干旱灾害增多增强相叠加，中国面临的天气气候灾害风险将进一步加大，经济损失进一步加重。

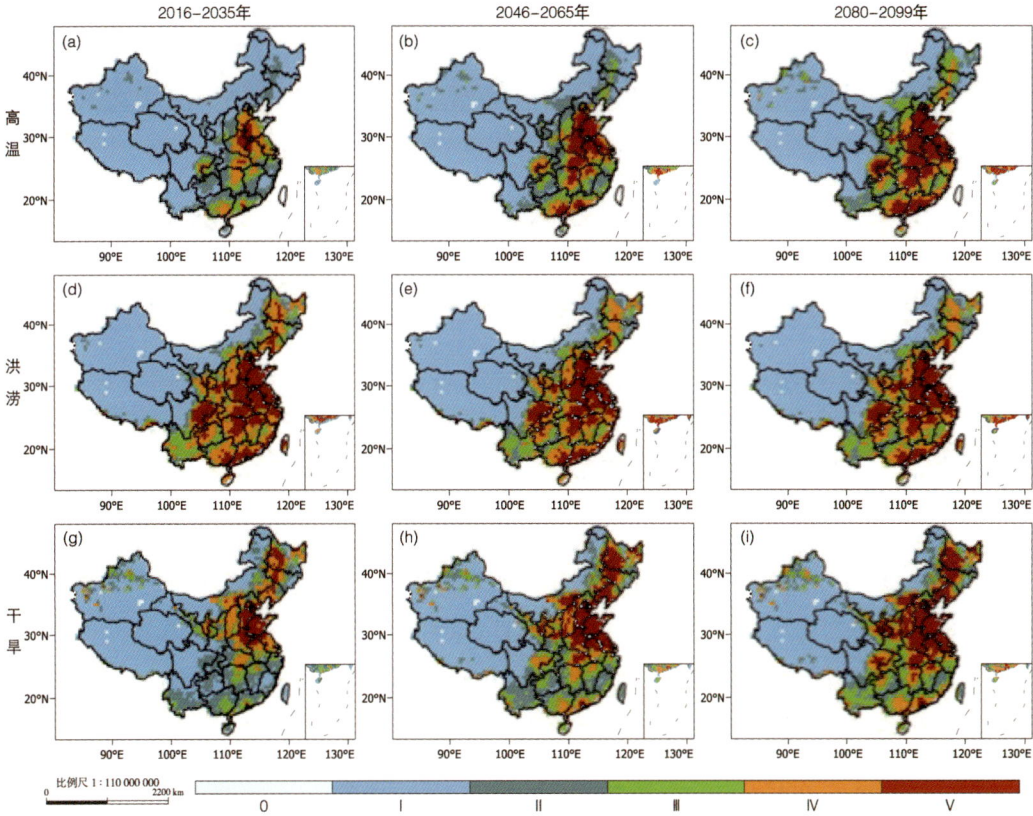

图19 高排放（RCP8.5）情景下中国未来高温、洪涝和干旱灾害风险等级分布（I 到 V 表示风险等级逐渐增大，I 为最低等级，V 为最高等级）

5. 策略设计与选择

（1）降低气候风险与保障国家总体安全的策略设计

气候安全是国家安全体系和经济社会可持续发展战略的重要组成部分，是生态文明建设和实现中国梦的基本保障，是推进国家治理体系和治理能力现代化的重要内容，应当根据国家应对气候变化战略，确定中长期气候安全目标。气候变化及由此带来的极端天气气候事件和灾害已成为全球可持续发展的重要威胁。中国是受气候变化影响最大的国家之一，适应和减缓气候变化，减轻天气气候灾害风险，是保障国家经济社会发展和人民生活的基本选择。中国将坚定不移地本着对中华民族福祉和人类长远发展高度负责的态度，积极应对气候变化和极端天气气候事件，并承担与中国发展阶段、能力和应负责任相符的国际义务，为保护全球气候环境和有效应对极端天气气候事件作出积极的贡献。极端天气气候事件和灾害对粮食生产、水资源、生态、能源、城镇运行和人民生命财产安全构成严重威胁，应当重点加强气候安全机制建设、信息共享和决策协调，协同考虑上述领域的气候变化风险和防灾减灾需求。

中国计划 2030 年左右二氧化碳排放达到峰值且将努力早日达峰，并计划到2030 年非化石能源占一次能源消费比重提高到 20% 左右。确定这样一个目标，实际上是中国给自己建立了一个倒逼机制，促进国内发展方式转变和结构调整、转型升级，提高经济增长的质量和效益。最后能够找到既应对气候变化和极端天气气候事件，又发展经济、改善民生、保护环境的绿色、低碳、循环发展之路。为此，应尽快组织编制和实施天气气候灾害风险管理与适应的国家综合规划，为国家天气气候灾害风险管理提供有力保障。应对未来极端天气气候事件和灾害风险，需要制定推进协同管理、分级应对并提高恢复能力的战略规划和政策体系。应尽快编制"国家天气气候灾害风险管理与适应规划"和"国家气候安全行动计划"，把灾害风险管理与适应协同、提升恢复能力、建设综合灾害风险治理体系三方面的战略作为规划的重要内容（图20）。加强天气气候灾害防御有关的法律法规建设，推动《气象灾害防御法》《应对气候变化法》的立法进程。

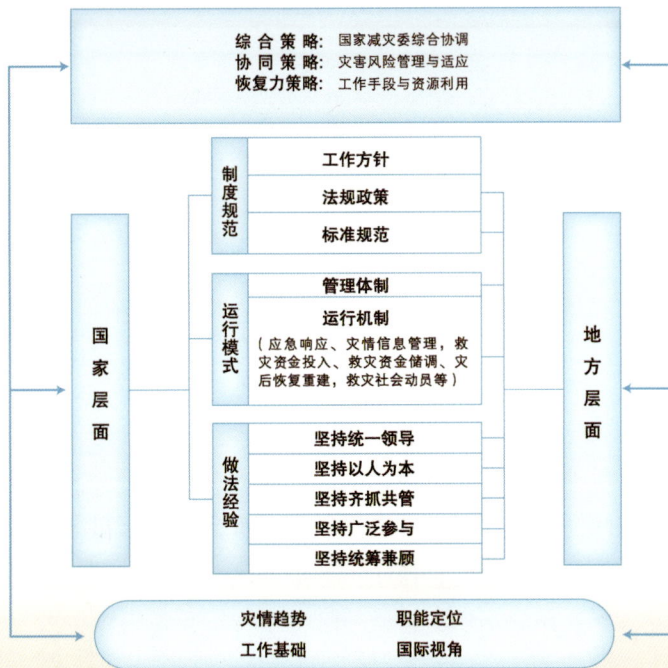

综合策略:	国家减灾委综合协调
协同策略:	灾害风险管理与适应
恢复力策略:	工作手段与资源利用

制度规范	工作方针
	法规政策
	标准规范

运行模式	管理体制
	运行机制
	（应急响应、灾情信息管理，救灾资金投入、救灾资金储调、灾后恢复重建，救灾社会动员等）

做法经验	坚持统一领导
	坚持以人为本
	坚持齐抓共管
	坚持广泛参与
	坚持统筹兼顾

国家层面　　地方层面

| 灾情趋势 | 职能定位 |
| 工作基础 | 国际视角 |

图 20　气候变化背景下减灾与应急能力建设框架

（2）灾害风险管理与适应气候变化的协同策略

　　经济证据日益表明现在采取应对气候变化的智慧行动可以推动创新、提高经济增长并带来诸如可持续发展、增强能源安全、改善公共健康和提高生活质量等广泛效益。应对气候变化同时也将增强国家安全和国际安全。采取因地制宜的灾害风险管理和协同适应策略，加强区域协同和领域协同，夯实中国可持续发展的基础。农业、水资源、生态系统、能源、交通、国土、海洋、人居环境和健康等领域更易遭受极端天气气候事件和灾害的影响，未来适应气候变化需要协同考虑防灾减灾、节能减排、生态保护、扶贫开发等可持续发展的多重目标（表2）。在城镇化、农业发展和生态安全战略格局中进一步加强区域间灾害风险管理和适应策略的协同（表3），为中国经济社会可持续发展提供有力保障。

表 2 中国主要领域天气气候灾害风险管理与适应的协同策略

领域	未来风险与挑战	协同应对策略
农业	加剧农业气象灾害和农业病虫草害，增加农田管理和农牧业生产成本，影响农产品市场稳定，威胁粮食安全和农民生计，加快人口向城镇流动。	· 建立农业应对气候变化和天气气候灾害的监测、预警、响应和防灾减灾服务体系，加强农业防灾减灾规划和基础设施建设，提高农田水利工程的灾害风险防护标准，完善农业灾害政策保险制度； · 在农业主产区开展农业适应示范区建设，细化农业气候区划，调整农业结构和种植制度，探索更具适应性的农林地、草地等农业资源管理模式；加强农业节水、抗旱、抗逆和保护性耕作等适应技术的研发、培训与推广； · 适度发展多元化和规模化经营，因地制宜实施节水农业、生态农业、现代农业、特色农业，保障粮食稳产增产； · 加大对农村地区尤其是特困连片地区的发展型适应投入，推动城乡公共服务一体化，完善农村医疗、养老等社会保障体系，减少气候变化引发的贫困。

领域	未来风险与挑战	协同应对策略
水资源	水资源时空分布的不均匀加剧，区域水资源供需矛盾加剧；需水量增加，资源趋紧，约束加大；极端降水及城市洪涝，水生态与水环境安全。	· 完善极端水文和天气气候事件的监测和应急管理体系，提高水利工程和供水系统的安全运行标准，加强重点城市、重点河流湖泊水库、防洪保护区和重旱地区的防洪抗旱减灾体系建设； · 保障城市化地区、农村和缺水地区、生态保护区的水生态安全，重点加强农村饮用水安全工程、城镇新水源和供水管网体系，重点地区抗旱应急水源工程设施、山地融雪型洪水防控体系建设；加强重点流域的水资源调蓄管理和决策系统，协同化解水体污染、水资源利用和防灾减灾等之间的矛盾，加强重点流域防灾减灾等之间的矛盾； · 严格水资源管理；落实用水总量控制，用水效率控制和水功能区限制纳污"三条红线"制度，推进节水型社会，鼓励第三方治理，社会投入和社会监管机制； · 利用市场机制优化水资源配置效率，推动水权改革和水资源有偿使用制度，鼓励雨洪利用、循环水、海水和盐碱水淡化和节水技术和节水产品研发和应用，应对未来水资源短缺。

领域	未来风险与挑战	协同应对策略
能源	影响风能、太阳能等可再生能源的供给及利用；极端天气气候事件加大工农业生产和生活用能需求，加剧电力供给压力，威胁电力基础设施运行安全。	·评估气候变化对不同地区风能、太阳能、水能、生物质能等的影响，加强可再生能源技术研发和应用，提高能源供给的多样性和低碳化； ·评估极端灾害对能源和电力基础设施的影响，加强重点地区和工程应对极端天气气候事件的监测、预警和应急体系，提升灾害设防标准和气象服务能力，保障电力运行安全； ·加强电网系统的适应能力，因地制宜发展智能电网、风光电联储技术和可再生能源分布式发电技术，提升电力输配系统的效率和稳定性； ·加强电力需求侧管理，减少能源需求和碳排放。

领域	未来风险与挑战	协同应对策略
交通	影响交通基础设施的安全性和稳定性；进而加剧了交通规划、工程设计、施工建设和运行管理的复杂性。	· 加强交通规划和重大工程项目（如机场、铁路、港口、航道、高速公路、城市轨道交通等）的环境影响评估和气候风险可行性论证； · 加强天气气候灾害风险普查，建设全国交通系统灾害风险数据库和信息决策系统； · 提升城市地区应对极端天气气候事件的交通信息监测预警及应急服务能力，改进交通体系的设计、选址和建设标准，加强交通部门的适应技术研发； · 发展低碳公共交通体系和运输网，提高机动车排放标准，推动节能环保汽车和清洁燃料技术的研发和应用。

领域	未来风险与挑战	协同应对策略
人居环境	影响人居环境的安全性和舒适性；增加城市安全运行和应急体系的压力；极端天气气候事件增加建筑行业设计、施工、运行和维护成本，增加建筑供热供冷能耗。	·在城乡规划、基础设施建设、大型公共建筑和住宅区建设选址时，考虑气候变化和环境风险，开展气候可行性论证；合理规划城市功能区建设，保护和修复城市绿地及河网水系；提升城市人居生命线系统（供电、供热、供排水、燃气、通讯等）的安全运行能力； ·加强城市群地区应对天气气候灾害的决策协调机制，关注城市脆弱群体，提升社会参与意识和适应能力，建设生态、宜居、健康、安全的城市人居环境； ·加强建筑行业的适应技术研发，开发和推广节能节水省地型建筑、气候智能建筑，提高公共建筑和商业建筑的节能标准，推广和实施绿色住宅、防灾减灾社区； ·提高建筑行业应对极端天气气候事件的设计和施工标准，加强对建筑行业劳动者的灾害风险防护，提高建筑运行和居住环境的安全性、舒适性和耐久性。

领域	未来风险与挑战	协同应对策略
健康	加剧环境污染和次生灾害，导致人员伤亡和健康风险；气候变暖加剧加剧媒介传染病的发生和传播，增加公共卫生投入和医疗保健成本。	· 加强气候变化与极端天气气候事件相关疾病影响、传播机理和预防研究，加强科技投入和人力资源建设； · 加强疾病防控、应急处置、健康教育和卫生监督执法等部门协作，提高公共卫生服务能力，重点建设城乡社区卫生医疗服务体系，加强城乡饮用水卫生及高温、雾霾等极端天气气候事件的健康影响监测与防控等； · 应对极端天气气候事件的监测预警和应急体系，完善公共卫生设施及信息发布机制，加强气候变化风险与健康的公众教育科普宣传，优先关注敏感人群和脆弱群体需求； · 完善城乡社会医疗保障与保险体系，推动医疗服务社会化和市场化。

领域	未来风险与挑战	协同应对策略
海洋	影响海洋生境和生物多样性，改变海洋物种地理分布、季节活动规律和迁移形式；海平面上升、风暴潮趋强、极端水位和沿岸洪涝频发等将威胁沿海地区经济社会安全和海洋产业的可持续发展；加大海岸基础设施和海岸带保护成本。	·加强气候变化和极端天气气候事件对海洋和近岸海岸海洋环境与生态影响的观测、评估、监测、预警和科学研究； ·制定海洋开发利用与保护规划，加强海岸带综合管理，划定海岸海洋生态红线、设立海洋自然保护区，维护海洋资源环境承载力； ·加强海洋灾害防护能力，建设海洋天气气候灾害的联合防控体系、完善海洋立体观测预报网络系统，提升对台风、风暴潮、巨浪等海洋天气气候灾害的预报与应对能力，加固海岸防护基础设施，提高沿海地区防洪排涝基础设施防御海洋灾害的设计和建设标准； ·增强国民开发利用和保护海洋资源的意识，加强海洋生态系统的监测和修复，保护海岛和海礁，制定海洋渔业捕捞、水产养殖、旅游航运、人类健康、海事安全、海洋石油天然气和可再生能源等涉海行业的气候变化适应措施。

领域	未来风险与挑战	协同应对策略
国土资源	影响土地资源质量及可持续利用，增加土地整治与保护成本；加剧水土保持、地质安全和环境保护压力；引发或加剧泥石流、地面塌陷、滑坡、山体崩塌等地质灾害风险。	· 加强土地利用总体规划，重视资源环境承载力评估，开展重大工程气象地质灾害危险性评估，加强土地资源开发利用、监督与保护； · 综合采用工程措施和生态措施，减轻水土流失和地质灾害，加强矿山地质环境保护与恢复治理工程； · 加强地质环境监测与综合预警，减轻灾变地质环境事件对社会经济带来的不利影响； · 加强地质灾害排查巡查、预警预报、动态评估和应急防治，提高社区防灾减灾能力，建立健全重大地质灾害应急体系，提高重大地质灾害应对处置能力。

区域	地区	未来的影响、风险与挑战	协同应对策略
农业发展地区	东北平原、黄淮海平原、长江流域、汾渭平原、河套地区、甘肃新疆、华南	·气候变化对中国主要农产品主产区带来的影响有利有弊，未来应重点保障农产品安全供给和农村生计； ·特困连片地区贫困人口集中，生态环境脆弱，气候变化脆弱性将日益突出； ·气候变化加剧了贫穷、生态环境恶化和发展过程中的风险，加剧人口城镇化压力。	·在农业主产区开展农业适应示范区建设； ·加大对农村地区的发展型适应投入，推进新农村建设； ·加强农村地区的医疗、养老等社会保障体系，减小气候变化引发的贫困； ·提升和改造农田水利基础设施，建立农村天气气候灾害综合防护体系； ·加强农业政策保险，提升农业发展地区的防灾减灾能力等。

区域	地区	未来的影响、风险与挑战	协同应对策略
生态安全地区	东北森林带、北方防沙带、黄土高原－川滇生态屏障区、南方丘陵山区、青藏高原生态屏障区	·生态安全地区具有保障中国生态环境、自然资源和气候系统健康、稳定的重要生态功能，受到全球和区域气候变化的显著影响，需要列为适应的优先区域。	·加强国家生态安全地区的适应性投入； ·研究开发有利于生态系统稳定性的适应技术和生态保护技术； ·建立跨区域的生态补偿机制，提升主要流域水资源适应性管理能力； ·充分利用生态系统适应措施提高生态系统自适应能力及防灾能力等。

（3）提升恢复力的能力建设策略

未来社会将是风险社会，气候变化引发的灾害将成为风险的放大器，对于传统的灾害风险管理提出了挑战。"恢复力"具有以下含义：一是能够从变化和不利影响中反弹的能力，二是对于困难情境的预防、响应及恢复的能力。"恢复力"战略重视对灾害的预防和防范，强调"在实践中学习"，要求加强适应性管理。提升恢复力不仅强调减小或避免未来可能的极端灾害损失，更注重从风险治理的视角提升社会经济系统的整体竞争力、将危机转化为机遇，实现可持续发展。面向恢复力的能力建设战略重视学习、创新的能力，同时也需要政府转变角色，充分利用市场资源和社会力量提升风险治理的领导力。

加强适应规划、应急管理及防范天气气候灾害风险的基础设施建设，增强经济社会系统应对极端天气气候事件的恢复能力。软适应与硬适应并重，因地制宜实施发展型适应、增量型适应和转型适应，一是要转变发展方式，要推动转型升级；二是要发展新能源，发展清洁能源，具体途径包括：加强适应气候变化与防灾减灾领域的决策协调，从机构设置、决策协调、政策立法、资金保障、科技研发等方面推动风险治理机制创新；制定国家和部门的适应规划，提升政府应对极端天气气候事件和灾害风险的处置能力；完善减灾与应急管理机制，加强天气气候灾害的监测、预警及预测能力；开展天气气候灾害风险评估与区划，实现应急管理向风险管理的转变；加强天气气候灾害风险防范基础设施建设等。实施技术创新，推动新的零碳和低碳技术发明和推广，并增强减排的能力。包括：扩大清洁能源联合研发，并开辟关于能源与水相联系的新研究领域；推进碳捕集、利用和封存重大示范；建设气候智慧型/低碳城市；推进绿色产品贸易，鼓励在可持续环境产品和清洁能源技术方面的双边贸易；实地示范清洁能源，在建筑能效、锅炉效率、太阳能和智能电网方面开展更多试验活动、可行性研究和其他合作项目等。

（4）综合风险治理策略

综合风险治理体系建设是推进国家治理体系和治理能力现代化的重要内容。总结中国特色防灾减灾与应急管理经验，应当加强法制建设，不断健全天气气候灾害风险治理中的市场机制和社会合作机制，完善国家防灾减灾与应对气候变化的治理体系，实施并不断完善"政府主导、社会协同、公众参与、法制保障"的灾害防御体制机制。

社区在风险治理中具有不可忽视的重要作用，应坚持知情并有所准备的原则，提升风险意识，加强社区人员和机构建设。政府或相应机关团体应加强社区防灾知识教育和灾害管理能力培训，通过多种灾害模拟训练，提高社区防灾意识和减灾能力。公众参与在风险治理实践中具有重要意义。完善社会组织和公民个人防灾减灾的组织体系，有助于提高防灾减灾的效果。中国广大群众防灾减灾和自救互救常识普及不够，公众防灾减灾宣传教育亟待加强。应继续将减灾知识普及纳入学校教育内容，纳入文化、科技、卫生"三下乡"活动，开展减灾普及教育和专业教育，加强减灾科普教育基地建设。政府部门应加强对广大民众的防灾教育和防灾训练，让民众知情并有所准备，真正了解灾害的特征，并知道在灾害发生时应该采取什么样的行动，在预防灾害方面能够做些什么工作等等。此外，加强政府信息的公开，让民众了解各级政府针对可能性的灾害已经或正在采取什么样的措施，如避难所在什么地方，饮用水和应急食物如何保障等等。积极组织市民参加各种防灾减灾活动，让民众充分了解政府的各项灾害预防措施和防灾对策。

在风险治理的全过程中借鉴国际先进经验，建立社会保险、社会救助、商业保险和慈善捐赠相结合的多元灾害风险分担机制，形成由政府、企业与公众共同组成的区域综合减灾功能体系。有效分散灾害风险是提升恢复力的重要措施。有效的风险分担机制应该充分利用政府与市场机制的优势，同时调动社会各方资源共同应对灾害风险。未来的风险分担应该完善灾害保险和社会保障、建立国家适应资金，同时大力发展风险治理中的市场机制，使之成为国家主导下灾害风险管理机制的重要组成部分。从社会保障的结构与体系考虑，应针对不同的灾害种类与损失程度，建立起社会保险、社会救助、商业保险、慈善捐赠相结合的多元灾害风险补偿机制。